咖啡馆沙拉 101

Café Salad Menu 101

[韩] 李宰熏 著

梁超 喻伟彤 译

机械工业出版社
CHINA MACHINE PRESS

简单、快速、美味！
一盘沙拉传递幸福的滋味。

现在是沙拉的时代，寻找快捷、健康、美味沙拉的人逐渐变多了。我的位于西村的卢波酒庄（Ca'del Lupo）餐厅每天从制作沙拉开始，以制作沙拉告终。365天，每天都变换不同花样的午餐沙拉，这既是我的小小执念，也是因为不想错过应季的食材。你小区门口超市的蔬菜专区有没有上新品呢？不要犹豫，把你的厨房变成沙拉餐厅吧。

比起高热量，越来越多的人追求健康的饮食。如今，健康的沙拉成了一年365天都很受欢迎的食物。无论是咖啡馆还是餐厅，都有各式各样的沙拉供应。这让我想起小时候妈妈将蛋黄酱浇在水果上做沙拉的时候，而现在正是沙拉的时代。

阳光明媚的春天，坐在咖啡馆或餐厅里，点一杯咖啡，配上一盘新鲜的沙拉，感受生活的惬意。如果你喜欢这种生活，那你一定能感受到沙拉的魅力。但如果让你自己在家做一份沙拉，那肯定会有所犹豫。蔬菜的处理、保存，酱汁的制作等都是很繁重的任务，所以很多人就敬而远之了。沙拉的制作虽然简单，但也很费工夫。

我的餐厅每天中午都换着花样做沙拉，根据季节的变换选取上好的食材，虽然有些麻烦，但可以让菜单常新。若问我有什么制作的秘诀，我认为正是"简单、快速、美味"，这是我从事料理行业20年间总结出的经验与原则。本书的内容经过我的严格筛选，不仅全是餐厅中的菜单，还有很多我在料理大讲堂上的演讲内容，以及在开发菜单的过程中得到他人肯定的沙拉菜单，将此汇聚成本书。和我一起在西村的厨房忙碌多年的工作人员也一起参与了本书的编写。希望本书能给大家带来健康和制作料理的快乐。

李宰熏
@romantic_owner_chef

目录

第一部分

用基本材料制作的
基础沙拉

第二部分

可以代餐的
正餐沙拉

第五部分
用沙拉食材边角料制作的
特色三明治

索引

一点点的差别，超美味的沙拉秘诀

为什么在咖啡馆吃的
沙拉更美味呢？

很多人都在问，

为什么用相同的材料制作沙拉，但味道却有所不同呢？

完全按照菜谱做的，为什么看起来却不一样呢？

美味沙拉的秘密，现在就告诉你。

第一，将蔬菜放在清水里浸泡，可以保持新鲜。

做沙拉用的蔬菜应该怎么保存呢？是不用保存，直接洗一洗浇上调味汁就可以吃吗？想做出美味的沙拉，第一个秘诀就是"保持蔬菜新鲜"。将做沙拉用的蔬菜先放到清水里浸泡，防止其打蔫。蔬菜呈现青绿色可以让沙拉更加美味。

第二，充分去除蔬菜中的水分。

如果原封不动地保留蔬菜的水分，会让沙拉产生很多水，进而造成调味汁与沙拉分离。视觉上、味觉上都会大打折扣。将做沙拉用的蔬菜放进清水中浸泡或者用流动的水冲洗干净后，一定要完全控干水分。

第三，自制调味汁。

市面上卖的调味汁有很多食品添加剂，很多情况下会破坏沙拉的新鲜度。如果可能的话，还是建议自制调味汁。如果一次做的量太多吃不下，放到冰箱中的话，会串味，影响其他食物的味道。虽然调味汁不易变质，但营养价值和风味易流失，所以还是根据自己的饮食习惯适量制作。

第四，和超市中卖蔬菜的区域亲密接触。

沙拉最基本的材料就是蔬菜，而蔬菜最基本的则是应季。超市中卖蔬菜的区域是受季节影响最大的区域，每周都会有变化，在那里可以感受到季节的变化，可以将一年四季装到一碗沙拉中哦。

第五，要有自信。

无论你有多好的美食书，有多棒的食谱，如果不挑战一下，那么一点用也没有。可以将蔬菜切成稍稍不同的形状，也可以直接用手撕。调味汁的量也可以稍稍不同。另外，菜谱上的材料少一两种也没有关系。现在立刻走向厨房，打开你的冰箱，来制作你的专属沙拉吧。

教你五步制作沙拉

沙拉是如何构成的？

第一步
打底

＋

第二步
蔬菜和水果

＋

第三步
蛋白质

＋

第四步
装饰

＋

第五步
调味汁

沙拉实际上是组合的问题。打底＋蔬菜和水果＋蛋白质＋装饰＋调味汁
是制作沙拉的基本组合。在盘子上铺上打底的蔬菜，然后选一些蔬菜、
水果、肉类及海鲜放上去，然后放上装饰物，倒入调味汁，就大功告成了。
这只是基本组合，没有规定一定要放什么。是选用菜谱中的蔬菜，还是
灵活搭配，完全取决于正在阅读本书的你。根据自己的喜好来进行材料
的组合吧。

第一步

打底

就像制作意大利面，面是最基本的，制作沙拉时，最基本的就是打底菜，主要使用的是带叶的蔬菜。近来沙拉菜单越来越多样化，打底菜的范围也逐渐扩大。从茎菜类到果菜类蔬菜，甚至还有谷物，都可以用来做沙拉。

果菜类蔬菜

从黄瓜、南瓜、玉米、芸豆、茄子，到番茄等，这些都属于广义上的果菜类。即使是同一种类的蔬菜，不同的地区、不同的季节，也都会有不同的味道。

茎菜类蔬菜

茎菜类蔬菜常见的有芦笋、芹菜等，可以用刀或削皮器将含有纤维的外皮削掉后再食用。购买时选择颜色深的，不要选颜色浅的。

叶菜类蔬菜

叶菜类蔬菜常见的有西生菜（也叫圆生菜）、紫叶菊苣、菠菜、生菜等，吃叶子的蔬菜大部分水分含量较高，维生素 C、维生素 K 很丰富。叶子富有弹性、没有蔫的蔬菜才是新鲜的。

第二步

蔬菜和水果

除了打底菜外，蔬菜、水果、香草
等也可以给沙拉带来更多样的香味。
它们大部分钠含量和热量低，而钾、
钙、磷、维生素很丰富，可以根据
颜色和味道进行挑选。

彩色蔬菜

紫皮洋葱、胡萝卜、紫叶生菜等彩色蔬
菜可以让沙拉看起来更加华丽。各个颜
色所含的营养成分也有所不同。

香草菜

叶子和茎部可以发出香味的香草，如果
放入过多，会盖住食物本来的味道，所
以加入适当的量很重要。

水果

根据水果种类的不同，
果汁和糖度也各不相同。
苹果、梨、草莓、杏子、
桃子等水果可以提高沙
拉的格调。

蛋白质

包括肉类、海鲜、大豆、奶酪等食材。沙拉的主食材是蔬菜，所以摄取蛋白质是必要的，多样的食材可以让沙拉的营养更加均衡。

肉类

牛肉、猪肉、鸡肉、鸭肉等经常在饭桌上看到的肉类大部分都可以用来制作沙拉。无论是制作食用沙拉，还是制作用于下酒菜的沙拉，都能够很好地搭配。

海鲜

金枪鱼、三文鱼、虾是最常使用的，现在章鱼、贝类等海鲜也常作为沙拉的材料使用。在沙拉中加入海鲜时，可以再加一些香草，用来去除海鲜的腥味。

加工食品

也可以用培根、汉堡肉、意大利薰、火腿、蟹肉棒等加工食品来代替肉类和海鲜，同样可以提供蛋白质摄入，和蔬菜、水果搭配使用。

谷物

玉米片、绿豆凉粉、中东米、墨西哥薄饼、越南春卷皮等食材可以和叶菜类蔬菜一起放到盘中。不仅可以补充沙拉中碳水化合物的不足，还可以让沙拉的味道变得清淡并带有一丝甜味。墨西哥薄饼、越南春卷皮这种加工食品很受欢迎。

第四步

装饰

将所有的沙拉食材都摆好后，最后的流程就是撒上装饰物，用香草、坚果、香料等对沙拉进行点缀。不仅会带来颜色和香气的变化，还会让味道华丽变身。也可以用各种谷物和奶酪作为装饰的材料。

奶酪

各个国家代表性的奶酪有意大利的哥瑞纳帕达诺奶酪、马苏里拉奶酪，法国的布里奶酪、卡蒙贝尔奶酪，瑞士的埃曼塔奶酪、格鲁耶尔奶酪，奶酪是世界性的食材。其蛋白质、脂肪、维生素的含量都很丰富，如果放到沙拉里会更加回味无穷。

香草

薄荷叶、罗勒、迷迭香、百里香等香草可以让食物变得更加有滋味。晒干碾碎的香草经常用作沙拉的装饰。

坚果

核桃、杏仁、松子等坚果被评为十大健康食品，清淡、味美；直接使用或轻轻翻炒后使用，也可碾碎后使用。

香料

常用的有丁香、桂皮、黑胡椒，用于香气不足的沙拉中，可以起到增添香气的灵动效果。

调味汁

调味汁（Dressing）是从 "Dress" 中来的，意思是 "穿衣服"。按照字面意思，可以浇在蔬菜上，让其更漂亮、更美味。调味汁绝对不能提前放，会让蔬菜出水、变蔫，沙拉的味道和视觉体验会大打折扣。下面介绍 13 种基础的调味汁。

酱汁类

除基础调味汁外，还有意大利青酱、牛油果慕斯这种可以和蔬菜直接混合搅拌的调味汁。这类酱汁可以将新鲜蔬菜的味道完全诠释出来，也可以当成蘸酱，和面包、三明治一起吃。

酱类

包含各种食材的沙拉很适合用酱类做调味汁。如芝麻酱、蜂蜜芥末酱、西泽酱、花生酱、浓缩意大利醋等。

油类

油类调味汁很适合拌沙拉，特别是奇米丘里辣酱（Chimichurri），很适合搭配肉类及年糕。还有柠檬调味汁、意式调味汁、意大利香醋调味汁、油醋汁、泰式调味汁等。

13 种基础调味汁的制作方法

柠檬调味汁 *600mL* / 保存时间 1 个月 / 冷藏保存

从罗马时代起就备受追捧的
经典调味汁。柠檬清爽的香
味刺激你的味蕾，促进食欲。
也可以用西柚、橙子、青柠等
橙类水果代替柠檬。从海鲜到
开胃菜，各式各样的料理都适
用。需要冷藏保存，使用前稍
稍搅拌。

材料

柠檬（榨汁）5½ 个，橄榄油 250mL，蜂蜜 80mL，
盐、黑胡椒粉各 1/3 小勺。

做法

将除橄榄油外的所有材料混合后，再慢慢浇上
橄榄油搅拌均匀。

意大利香醋调味汁 *1300mL* / 保存时间 3 个月 / 冷藏保存

使用橄榄油的好伴侣——意大利香醋制作的调味汁，可以直接使用。高品质的醋和橄榄油的搭配让你无论何时都可以制作美味的调味汁。如果没有意大利香醋可以用黑醋代替。

材料

意大利香醋、橄榄油各 500mL，蜂蜜 120mL，罗勒叶 5 片，洋葱（切碎）1/2 个，盐、黑胡椒粉各 1/3 小勺。

做法

将除橄榄油和罗勒叶外的所有材料混合后，慢慢浇上橄榄油搅拌，最后撒上切碎的罗勒叶。

意式调味汁 *700mL* / 保存时间 3 个月 / 冷藏保存

在意大利留学时，用冰箱里的
材料无意间制作的调味汁。放
入沙拉搅拌，会迸发出意大利
本土的味道和感觉。非常适合
海鲜、蔬菜、水果等。

材料

洋葱（切碎）1/10 个，黑橄榄（切碎）3 个，罗
勒叶 5 片，番茄酱 5 大勺，白酒醋、橄榄油各
250mL，蜂蜜 100mL，蒜泥 1/2 大勺，盐、黑胡
椒粉各 1/3 小勺。

做法

将洋葱碎、黑橄榄碎、白酒醋、番茄酱、蒜泥放
入碗中，浇上一点点橄榄油搅拌均匀，再加入蜂蜜、
盐、黑胡椒粉、罗勒叶，再次搅拌均匀即可。

芝麻调味汁 *400mL* / 保存时间 3 个月 / 冷藏保存

用芝麻、酱油、蛋黄酱制作的
清淡美味的调味汁。虽然看起
有些油腻，但非常适合韩国料
理，可以用作各种韩餐的酱
料。使用前一定要搅拌均匀。

材料

黑芝麻、白芝麻、砂糖、料酒、酱油各 2 大勺，
蒜泥 1/2 大勺，蛋黄酱 2/3 杯（250g），意大利香
醋 50mL。

做法

将所有材料放入搅拌机搅拌均匀。

奇米丘里辣酱 *300mL* / 保存时间 15 天 / 冷冻保存

这种调味汁是以平叶欧芹为
主材料，在南美洲很受欢迎，
特别适合搭配肉类。虽然可以
保存几个月，但和意大利青酱
一样，如果存放时间过久，会
失去新鲜度，建议尽快食用。

材料

平叶欧芹 150g，青辣椒 1 个，紫皮洋葱 1/4 个，
罗勒叶 2 片，大蒜 1 头，初榨橄榄油 150mL，红
酒醋或食醋 2 大勺，盐、黑胡椒粉各少许。

做法

去掉青辣椒的籽。将所有材料放入搅拌机中搅拌
均匀。剩余的调味汁可冷冻保存。

油醋汁 *550mL* / 保存时间 3 个月 / 冷藏保存

用红酒醋制作的调味汁，和蔬菜混合搅拌味道清爽。在基础的油醋汁中加入香草和香辛料可以做出新的调味汁。红酒醋可以用玄米醋、苹果醋等代替。

材料

罗勒叶 5 片，莳萝 5 根，红酒醋或白酒醋 150mL，初榨橄榄油 350mL，蜂蜜 5 大勺。

做法

将罗勒叶和莳萝切碎，将除初榨橄榄油外的所有材料混合搅拌均匀，再加入初榨橄榄油搅拌均匀即可。

泰式调味汁 *300mL* / 保存时间 3 个月 / 冷藏保存

在东南亚旅行时尝过就念念
不忘的调味汁。用很平常的材
料就能做出异国风味的调味
汁。东南亚的食材特别适合搭
配香草、海鲜等。如果想调节
辣味，可以去掉辣椒籽，或减
少辣椒的用量。

材料

青辣椒1个，大蒜3头，橄榄油200mL，柠檬汁、
醋各3大勺，砂糖、坚果各2大勺，酱油、希腊
黄金椒（Pepperoncini）各1大勺。

做法

将所有材料放入搅拌机搅拌均匀。

意大利青酱 *130mL* / 保存时间 3 个月 / 冷冻保存

意大利热那亚地区的传统调味汁，在世界范围内都很有人气。一次做完可以多次使用。常用于比萨、沙拉等，用来做意大利面酱也很受欢迎。可以像奇米丘里辣酱那样分成小份放到冰箱冷冻保存。

材料

罗勒 50g，初榨橄榄油 50mL，大蒜 1 头，哥瑞纳帕达诺奶酪、烤松子各 1 大勺，盐、黑胡椒粉各 1/4 小勺。

做法

去掉罗勒的茎部，将哥瑞纳帕达诺奶酪用刨丝器刨成丝。将所有材料混合，用手持搅拌器搅拌均匀。

花生酱 *300mL* / 保存时间 6 个月 / 冷藏保存

将花生的香味淋漓尽致体现
出来的调味汁。很适合蔬菜，
涂抹吐司或薄脆饼干也很美
味。特别是和烤五花肉一起
吃，会有不同的味觉体验。如
果没有花生，也可以用其他坚
果代替。每种坚果都有香喷
喷的味道，也有各自不同的
魅力。

材料

花生黄油 4 大勺，蜂蜜、蒜泥各 1/2 大勺，
柠檬 1/2 个，初榨橄榄油 200mL。

做法

用柠檬榨汁器将柠檬汁挤出后，将所有材料混合
到一起搅拌均匀。

西泽酱 *500mL* / 保存时间 3 个月 / 冷藏保存

加入奶酪和芥末的调味汁，味
道清新，香味扑鼻，特别适合
西生菜或罗马生菜。配料里
有鳀鱼，可以根据个人喜好
选择。

材料

鳀鱼 2 条，蛋黄酱 8 大勺，蜂蜜、初榨橄榄油、
帕玛森奶酪粉各 4 大勺，柠檬汁 3 大勺，蒜泥、
第戎芥末酱各 1 大勺，盐、黑胡椒粉各 1/2 小勺。

做法

用搅拌机将除帕玛森奶酪粉外的所有材料混合搅
拌均匀，再加入帕玛森奶酪粉搅拌均匀，注意不
要混成团。

牛油果慕斯 *250mL* / 保存时间 3 天 / 冷藏保存

可以将牛油果的软糯完全呈现出来的酱汁。很适合海鲜，搭配面包也很美味。牛油果慕斯制作完成后，放置一段时间就会变色，所以尽快食用完。加一些柠檬汁可延缓变色的时间，但也会将其稀释，这一点要特别注意。

材料

牛油果 1 个，蜂蜜或低聚糖、柠檬汁各 70mL，盐、黑胡椒粉各 1/4 小勺。

做法

将牛油果切半，去核后挖出果肉。用手持搅拌器将所有材料搅拌均匀。

浓缩意大利醋 *350mL* / 保存时间 6 个月 / 常温保存

将意大利醋加配料煮一煮即
可制成的简易调味汁。适合海
鲜、肉类、奶酪等。另外，在
其他调味汁的基础上叠加一
些意大利醋，可以让沙拉的味
道升级。也可以再加一些香草
或香辛料。

材料

意大利醋 500mL，蜂蜜 110mL，红酒 10mL，
白砂糖 80g。

做法

将所有材料放入锅中，用大火将砂糖煮化，期间
需要一直搅拌，再用中火煮约 20min。如果过于浓
稠可以再加入少许意大利醋稀释。

蜂蜜芥末酱 *400mL* / 保存时间 3 个月 / 冷藏保存

在芥末酱中加入蜂蜜制作
的调味汁，老少皆宜，特别是
在孩子中很有人气。适合一
般的沙拉，搭配炸制食品更
美味。

材料

蛋黄酱、蜂蜜各 5 大勺，芥末酱 2¹/₂ 大勺，柠檬汁
2 大勺，黑胡椒粉 1/4 小勺。

做法

将所有材料放入碗中搅拌均匀。

第一部分

用基本材料制作的
基础沙拉

基本材料

{ 西生菜 1/4 棵，罗马生菜、菊苣、紫甘蓝、紫叶生菜各 20g}

如果在咖啡厅或餐厅点一份沙拉，这些都是不可或
缺的蔬菜。虽然看起来差不多，但口感、味道都有
差别，如果把它们混合到一起，就会搭配出营养均
衡的沙拉餐。用完全一样的食材可以做出 15 种基础
沙拉。只要有这 5 种基础蔬菜，什么样的沙拉都可
以快速轻松完成。

希腊风味沙拉

试一试制作家庭版希腊风味沙拉，感受一下希腊的风情。菲达奶酪和橄榄油的结合可以迸发出清爽的味道，搭配油醋汁更增添一丝酸酸的口感。橄榄油富含人体内必需的不饱和脂肪酸，让沙拉变得更加健康。

材料

打底
{西生菜 1/4 棵，罗马生菜、菊苣、紫甘蓝、紫叶生菜各 20g}

蔬菜和水果
{苦苣、紫皮洋葱各 10g，圣女果 3 个，橄榄 10 个}

蛋白质
菲达奶酪 2 大勺

装饰
小水萝卜 1 个，哥瑞纳帕达诺奶酪 10g

调味汁
油醋汁 3 大勺　**参考 P022**
整粒芥末籽酱、帕马森干酪各 1/2 大勺

做法

1　将所有打底叶菜和苦苣切成适合食用的大小，在清水中浸泡，使用前沥水。

2　将整粒芥末籽酱和帕马森干酪放到油醋汁中搅拌均匀，制成调味汁。

3　将紫皮洋葱切成细丝，圣女果和橄榄对半切开。

4　将所有的打底叶菜放入盘中，再加入苦苣、紫皮洋葱，浇上调味汁。把菲达奶酪用手掰成块撒到上面。

5　装入圣女果和橄榄，将小水萝卜和哥瑞纳帕达诺奶酪切成薄片做装饰。

TIP

菲达奶酪需要掰成块使用
菲达奶酪是用山羊奶制作的，味道很重，需要提前尝一尝，调节用量。最好用手轻轻将菲达奶酪掰成块使用。

泰式风味海鲜沙拉

让你品尝泰式调味汁酸酸的口感，特别适合搭配鱿鱼。鱿鱼有缓解疲劳和防止老化的功效，如果有米线，可以搭配一起食用。

材料

打底
{ 西生菜 1/4 棵，罗马生菜、菊苣、紫甘蓝、紫叶生菜各 20g}

蔬菜
紫皮洋葱 10g，西芹 1 根

蛋白质
鱿鱼 1/2 只，虾仁 10 只
（焯海鲜：柠檬 1/4 个，香叶 1 片，黑胡椒粒 10 粒）

装饰
小水萝卜 1 个

调味汁
泰式调味汁 3 大勺　**参考 P023**

做法

1　将所有打底叶菜切成适合食用的大小，在清水中浸泡，使用前沥水。

2　将鱿鱼的身体和须子分开，去掉内脏和皮，切成圈状。

3　在开水中放入柠檬 1/4 个、香叶、黑胡椒粒，然后加入步骤②的鱿鱼和虾仁，一起焯水。

4　将紫皮洋葱切丝，西芹切成厚片，小水萝卜切成圆片。

5　将所有的打底叶菜放入盘中，再加入紫皮洋葱、西芹和焯好的海鲜。

6　最后浇上泰式调味汁，放上小水萝卜片。

TIP

去掉海鲜的腥味
准备制作沙拉的海鲜时，需要去掉海鲜的腥味。在焯海鲜的水中加入柠檬、香叶、黑胡椒粒等，对去除海鲜的腥味很有帮助。

肯琼炸鸡沙拉

适合搭配孩子们喜欢的肯琼炸鸡的沙拉。用脂肪低、蛋白质丰富的鸡胸肉制作，营养更加丰富。酥脆的肯琼炸鸡加入甜甜的蜂蜜芥末酱，适合搭配任何蔬菜。

材料

打底
〔西生菜 1/4 棵，罗马生菜、菊苣、紫甘蓝、紫叶生菜各 20g〕

蔬菜
紫皮洋葱 10g

蛋白质
鸡胸肉 1 个（腌料：肯琼酱 1 大勺
面衣：鸡蛋 1 个，面包糠 5 大勺
油炸：食用油 500mL ）

调味汁
蜂蜜芥末酱 3 大勺　参考 P029

做法

1　将鸡胸肉斜切成 0.5cm 厚的长条。

2　在鸡胸肉上抹上肯琼酱，抓匀。

3　将步骤②的鸡胸肉按照顺序沾上鸡蛋液和面包糠。在 170℃的热油中炸至金黄。

4　将所有打底叶菜切成适合食用的大小，在清水中浸泡，使用前沥水；紫皮洋葱切成丝。

5　在盘子中放入切好的叶菜，放入切好的洋葱丝和炸好的肯琼炸鸡，浇上蜂蜜芥末酱。

TIP

将鸡胸肉斜切成 0.5cm 厚的长条
用刀斜切鸡胸肉可以像切片一样将有韧性的筋和肉完全切断。不要切得太厚，切成 0.5cm的厚度才能入味。

熏三文鱼黄瓜沙拉

咸口的熏三文鱼和淡淡的黄瓜味出乎意料的适配。

熏三文鱼已经很入味了，不需要再放其他调料，可以直接当作沙拉或零食食用，易消化，老少皆宜。

材料

打底
{ 西生菜 1/4 棵，罗马生菜、菊苣、紫甘蓝、紫叶生菜各 20g}

蔬菜
黄瓜 1/3 个

蛋白质
熏三文鱼 3 片

调味汁
蜂蜜芥末酱 1 大勺　**参考 P029**
山葵 1/3 大勺

做法

1　将所有打底叶菜切成适合食用的大小，在清水中浸泡，使用前沥水。

2　将黄瓜切成 0.5cm 厚的圆片。

3　在蜂蜜芥末酱中加入山葵，增添辣度。

4　在盘子中放入切好的叶菜，再加入熏三文鱼片和黄瓜，浇上步骤③的调味汁。

TIP

用山葵进行点缀

蜂蜜芥末酱和三文鱼这种红色的海鲜很适配。再加入有刺激性味道的山葵，可以让三文鱼的味道更好地呈现。

绿豆凉粉石榴沙拉

将绿豆研磨后制作的绿豆凉粉是传统食材，低热量，很受欢迎。加入意大利香醋调味汁制作成沙拉，可以当成小食享用。

材料

打底
{ 西生菜 1/4 棵，罗马生菜、菊苣、紫甘蓝、紫叶生菜各 20g}，绿豆凉粉 80g

蔬菜和水果
苦苣 20g，石榴 1/4 个

装饰
甜菜苗 10g，小水萝卜 1/3 个

调味汁 ●
意大利香醋调味汁 4 大勺　参考 P018

做法

1　将所有打底叶菜和苦苣切成适合食用的大小，在清水中浸泡，使用前沥水。

2　将绿豆凉粉放入沸水中焯 1 分钟，再放入清水中浸泡，然后切成适合食用的大小，

3　将小水萝卜切成圆形，石榴去掉石榴籽。

4　在盘子中放入切好的叶菜和苦苣，然后加入绿豆凉粉和石榴，浇上意大利香醋调味汁。

5　用甜菜苗和小水萝卜片装饰。

TIP

绿豆凉粉焯水
绿豆凉粉很硬，不可直接食用。放入热水中焯一下就会变软，味道清淡，就可以尽情享用了。

煎苹果配布里干酪沙拉

用牛奶制作的布里干酪味道醇厚且口感软糯，味道极佳。和其他的奶酪不同，布里干酪没有臭味，所以使用范围很广，搭配煎苹果，用来招待客人也毫不逊色。也可以用卡芒贝干酪代替布里干酪。

材料

打底
{ 西生菜 1/4 棵，罗马生菜、菊苣、紫甘蓝、紫叶生菜各 20g}

水果
苹果 1/2 个（煎苹果：橄榄油、黄油各 1¹/₂ 大勺）

蛋白质
布里干酪 1/2 块

装饰
小水萝卜 1 个，核桃碎 1 大勺

调味汁
意式调味汁 3 大勺　参考 P019

做法

1　将所有打底叶菜切成适合食用的大小，在清水中浸泡，使用前沥水。

2　将苹果切成条，小水萝卜切成圆片。

3　在平底锅中加入橄榄油和黄油，将切好的苹果放入煎至两面金黄。

4　苹果煎好后，加入布里干酪，再用大火两面煎制。

5　在盘子中放入切好的叶菜，再放入煎好的苹果和布里干酪，浇上意式调味汁，然后用小水萝卜和核桃碎装饰。

TIP

苹果煎过后更甜
将苹果条用黄油煎制，不仅会有香味，还会增加甜度，口感更好。和奶酪一起煎制，奶酪会定型，使用起来更加方便。

玉米片沙拉

将墨西哥玉米薄饼炸成玉米片后制作而成的墨西哥风味沙拉。玉米片口感酥脆，和沙拉很适配。咸味培根和甜味玉米组合，搭配西泽酱，打开你的味蕾。

材料

打底
{ 西生菜 1/4 棵，罗马生菜、菊苣、紫甘蓝、紫叶生菜各 20g}，玉米片 20g

蔬菜
圣女果 3 个

蛋白质
培根 1 片（煎：橄榄油 1¹⁄₂ 大勺）

装饰
玉米罐头 1 大勺

调味汁
西泽酱 2 大勺　参考 P026
紫皮洋葱（切碎）1/4 个

做法

1 将所有打底叶菜切成适合食用的大小，在清水中浸泡，使用前沥水。

2 将培根切成适合食用的大小，放入锅中用橄榄油煎熟，用厨房纸巾吸去多余的油。

3 玉米片掰成小片，不要太碎，将圣女果切半。

4 将紫皮洋葱碎倒入西泽酱中搅拌均匀。

5 在盘子中放入切好的叶菜，浇上步骤④的调味汁后，放上玉米片、圣女果、培根，最后用玉米粒装饰。

TIP

可以用薯片代替玉米片
玉米片如果掰得过碎吃起来就不方便了，重点是要掰成适当的大小，也可以用薯片代替。

煎牛里脊配沙拉

牛里脊质地柔软，是牛身上最嫩的部位，花纹少，味道清淡，如果煎制时间过久，口感会变硬，丢失原有的味道。煎制时间刚好的牛里脊可以配上新鲜的蔬菜一起吃。

材料

打底
{西生菜 1/4 棵，罗马生菜、菊苣、紫甘蓝、紫叶生菜各 20g}

蛋白质
牛里脊 100g（煎：橄榄油 1¹/₂ 大勺）

装饰
旱金莲叶、哥瑞纳帕达诺奶酪各 10g

调味汁
意大利香醋调味汁 3 大勺　参考 P018

做法

1　将所有打底叶菜切成适合食用的大小，和旱金莲叶一同在清水中浸泡，使用前沥水。

2　将牛里脊切成适合食用的厚片。

3　在平底锅中倒入橄榄油，用大火将牛里脊煎熟。

4　在盘子中放入切好的叶菜，再放上煎好的牛里脊，浇上意大利香醋调味汁。

5　用旱金莲叶和切薄的哥瑞纳帕达诺奶酪装饰。

TIP

牛里脊要去掉血水再使用
在煎牛里脊前需要用厨房纸巾吸去血水，这样肉的腥味会消失。也可以用培根或汉堡肉代替牛里脊。

熏鸭香橙沙拉

熏鸭胸肉是将鸭胸肉加盐腌制后熏制而成，有嚼劲，脂肪含量低，蛋白质丰富，是很有人气的减肥食品。适合搭配清新的橙类水果。

材料

打底
{ 西生菜 1/4 棵，罗马生菜、菊苣、紫甘蓝、紫叶生菜各 20g}

水果
橙子 1 个

蛋白质
熏鸭胸肉 1 块（煎：橄榄油 1¹⁄₂ 大勺）

装饰
小水萝卜 1/2 个，紫皮洋葱 20g

调味汁
花生酱 3 大勺　参考 P025

做法

1 将所有打底叶菜切成适合食用的大小，在清水中浸泡，使用前沥水。

2 将小水萝卜切成圆片，紫皮洋葱切成细丝。

3 橙子去皮，果肉切成片。

4 将熏鸭胸肉切成适合食用的大小，放入平底锅用橄榄油煎香。

5 在盘子中放入切好的叶菜，加入橙子果肉、煎熏鸭胸肉，浇上花生酱。

6 用小水萝卜片和紫皮洋葱丝装饰。

TIP

熏鸭肉和橙类水果的完美组合
如果对气味很敏感，那么可以使用的熏鸭胸肉来代替一般的鸭肉。煎熏鸭肉适合搭配西柚、橙子、柠檬、橘子等橙类水果。

橙味沙拉

可以让你的身体变轻松的沙拉。柑橘类水果的加入让维生素 C 变得满满。西柚和橙子丰富的果汁调和，让味道酸酸甜甜。

材料

打底
{ 西生菜 1/4 棵，罗马生菜、菊苣、紫甘蓝、紫叶生菜各 20g}

水果
西柚、橙子各 1/2 个

装饰
薄荷叶 5 枝

调味汁
柠檬调味汁 3 大勺　**参考 P017**
树莓干 1/2 大勺

做法

1　将所有打底叶菜切成适合食用的大小，在清水中浸泡，使用前沥水。

2　西柚和橙子去皮，果肉切成片。

3　将树莓干放入柠檬调味汁中搅拌，做成调味汁。

4　在盘子中放入切好的叶菜，加入西柚和橙子果肉后，浇上步骤③的调味汁，放上薄荷叶装饰。

TIP ———
用水果干给调味汁提香
将水果干放入调味汁中可以增强香味和口感。柠檬调味汁的酸味和树莓干的甜味形成完美的碰撞。

意大利熏火腿
配甜瓜沙拉

意大利熏火腿和甜瓜的组合可以说是"咸甜"绝配。意大利熏火腿盐分含量高，最好和水果、蔬菜一同食用。代餐、配酒、做前菜都可以。

材料

打底

{ 西生菜 1/4 棵，罗马生菜、菊苣、紫甘蓝、紫叶生菜各 20g}

水果

甜瓜 1/4 个

蛋白质

意大利熏火腿 3 片，乳清奶酪 2 大勺

调味汁

意式调味汁 3 大勺　**参考 P019**
葡萄 5 颗

做法

1　将所有打底叶菜切成适合食用的大小，在清水中浸泡，使用前沥水。

2　将葡萄等分成四瓣，去籽，浇上意式调味汁。

3　去掉甜瓜皮，将果肉切成适合食用的大小。

4　在盘子中放入切好的叶菜，加入步骤②的调味汁，再加入甜瓜、意大利熏火腿、乳清奶酪。

TIP

甜瓜是后熟型的水果
甜瓜是典型的后熟型水果。果肉硬，糖度低，放入冰箱一两天后就如同被施魔法一样好吃。

意醋炒海鲜沙拉

如果讨厌吃海鲜，或无法接受海鲜的腥味，可以试试加入一些浓缩意大利醋。浓缩意大利醋既酸又甜，可以与海鲜特有的腥味相调和。

材料

打底
{西生菜 1/4 棵，罗马生菜、菊苣、紫甘蓝、紫叶生菜各 20g}

蔬菜
芝麻菜 20g

蛋白质
鱿鱼 1 只，大虾 3 只（煎海鲜：橄榄油 1¹/₂ 大勺，炒海鲜：浓缩意大利醋 1 大勺 参考 P028 ）

装饰
甜菜苗 10g，小水萝卜 1/2 个

调味汁
意大利香醋调味汁 3 大勺 参考 P018

做法

1 将鱿鱼的身体和须子分开，去掉内脏和皮，切成圈状。

2 大虾去壳。

3 将所有打底叶菜和芝麻菜切成适合食用的大小，与甜菜苗一同在清水中浸泡，使用前沥水。

4 平底锅中倒入橄榄油，用中火煎鱿鱼和大虾，倒入浓缩意大利醋，炒至成熟。

5 将小水萝卜切成圆片。

6 在盘子中放入切好的叶菜，加入炒好的鱿鱼和大虾，再加入意大利香醋调味汁和小水萝卜、甜菜苗。

TIP

给海鲜去皮、去壳
把海鲜加入沙拉时一定要注意去掉海鲜里的脏东西。去鱿鱼皮时可以先用粗盐涂抹，这样可以很容易地去皮。去虾壳时可以先剪去虾脚，这样可以很容易地去虾壳。

法国尼斯风沙拉

法国东南部的休养胜地——尼斯的代表沙拉，将鸡蛋、蔬菜等食材与金枪鱼、鳀鱼搭配在一起。尼斯风格的沙拉有多种做法，最基本的原则就是让蔬菜保留住其新鲜的味道。

材料

打底
{ 西生菜 1/4 棵，罗马生菜、菊苣、紫甘蓝、紫叶生菜各 20g}

蛋白质
金枪鱼罐头 1/2 罐，鳀鱼 2 条，鸡蛋 1 个

装饰
紫皮洋葱、甜菜苗各 10g

调味汁
意式调味汁 3 大勺　**参考 P019**

做法

1　将所有打底叶菜切成适合食用的大小，与甜菜苗一同在清水中浸泡，使用前沥水。

2　鸡蛋煮10min，放到凉水中去壳，切半。紫洋葱切成丝。

3　沥去金枪鱼罐头的油，清清爽爽地使用。

4　在盘子中放入切好的叶菜，浇上意式调味汁，再加入熟鸡蛋、金枪鱼、鳀鱼。

5　放上紫皮洋葱丝和甜菜苗装饰。

TIP

金枪鱼去油
如果将金枪鱼罐头的油和调味汁混合，会变得非常油腻。将金枪鱼沥油后再放入沙拉中就会变得清淡。

拼盘奶酪沙拉

如果想准备一个日常家庭派对，可以切各式各样的奶酪来制作沙拉。不仅风格统一，并且还可以挑选不同口味的奶酪，吃起来别有风趣。

材料

打底
{西生菜 1/4 棵，罗马生菜、菊苣、紫甘蓝、紫叶生菜各 20g}

蛋白质
烟熏奶酪、卡芒贝干酪、甜瓜芒果水果奶酪、艾达姆干酪、哥瑞纳帕达诺奶酪各 10g

装饰
小水萝卜 1/2 个，甜菜苗 10g

调味汁
柠檬调味汁 3 大勺　参考 P017

做法

1 将所有打底叶菜切成适合食用的大小，与甜菜苗一同在清水中浸泡，使用前沥水。

2 将所有奶酪切成片，小水萝卜切成圆片。

3 在盘子中放入切好的叶菜，放入切好的奶酪片。

4 浇上柠檬调味汁，用小水萝卜片和甜菜苗装饰。

TIP

奶酪食用之前再切片
如果提前将奶酪切片，表面会变干，影响口感。吃之前再切可以保持湿润的口感。

草莓乳清奶酪沙拉

满满的新鲜草莓和乳清奶酪，让你体验食材原本的味道。鲜艳的色泽也会让你的心情变得舒畅。即使是最基本的调味汁，加入草莓也会多一丝酸酸的口感。草莓应季时，可以好好品尝。

材料

打底
{ 西生菜 1/4 棵，罗马生菜、菊苣、紫甘蓝、紫叶生菜各 20g}

蔬菜和水果
紫皮洋葱 10g，草莓 10 个

蛋白质
乳清奶酪 5 大勺

装饰
核桃碎 1 大勺，甜菜苗 10g

调味汁
柠檬调味汁 3 大勺　　参考 P017
草莓 2 个，薄荷叶 3 枝

做法

1　将所有打底叶菜切成适合食用的大小，与甜菜苗一同在清水中浸泡，使用前沥水。

2　将柠檬调味汁、草莓、薄荷叶放入搅拌机搅拌均匀，制成草莓柠檬调味汁。

3　紫皮洋葱切丝，草莓切成四瓣，乳清奶酪切成橄榄球形状。

4　在盘子中放入切好的叶菜，浇上步骤②的调味汁，再加入乳清奶酪和紫皮洋葱丝、草莓。

5　撒上核桃碎，放上甜菜苗就完成了。

TIP ——

在调味汁中加入食材
薄荷叶是可以增加清凉感的香草。即使碾碎加入一点，也可以让调味汁变得不同。在柠檬调味汁中加入草莓和薄荷叶搅拌均匀，一份草莓柠檬调味汁就完成了。

第二部分

可以代餐的
正餐沙拉

很多人会认为即使吃很多沙拉也吃不饱。但这取决于用什么样的材料，怎么来调配沙拉。在以蔬菜打底的沙拉中加入肉和谷物，不会像米饭那样厚重，营养也很丰富，可以当成正餐来吃。这样一来，沙拉就变成了一顿正餐。

西泽沙拉

在西泽酱中加入罗马生菜和面包干搅拌，一份美式沙拉就登场了。这份沙拉可以让你深切感受到西泽调味汁的魅力。用蛋黄酱、蜂蜜、帕马森奶酪粉等食材制作而成的西泽酱，可以使用很长时间。

材料

打底
罗马生菜 50g，面包干 10 粒

蔬菜
圣女果 5 个

蛋白质
培根 2 片（煎：橄榄油 1¹/₂ 大勺）

装饰
哥瑞纳帕达诺奶酪 10g

调味汁 ●
西泽酱 3 大勺　参考 P026
浓缩意大利醋 1 大勺　参考 P028

做法

1　将罗马生菜切成适合食用的大小，在清水中浸泡，使用前沥水。将圣女果切半。

2　将培根切成适合食用的大小，在锅中倒入橄榄油，煎成酥脆状，用厨房纸巾吸去多余的油。

3　在碗中放入罗马生菜、圣女果、煎培根、面包干、西泽酱，搅拌均匀。

4　在盘子中倒入步骤③的成品，倒入浓缩意大利醋，将哥瑞纳帕达诺奶酪切成片，用作装饰。

TIP

培根去油后使用
培根用橄榄油煎过后含油大，很容易让沙拉变得油腻。可以用厨房纸巾吸油。

豌豆猕猴桃
牛油果沙拉

在柠檬调味汁中加入原味酸奶、杏仁粉就会做成特别的调味汁。将家中的杏仁研磨成粉，或在烘焙材料专卖店直接购买杏仁粉也可以。这种调味汁很适合搭配豌豆、猕猴桃、牛油果等绿色食材，是很健康的沙拉。

材料

打底
豌豆 100g

蔬菜和水果
罗勒叶 5 枝，猕猴桃 1 个，
牛油果 1/2 个

装饰
核桃碎 1 大勺

调味汁
柠檬调味汁 2 大勺　**参考** P017
原味酸奶、杏仁粉各 1 大勺

做法

1　将豌豆放入沸水中煮 6min 后，用清水冲洗，沥水。

2　将猕猴桃和牛油果去皮，切成 0.8cm 厚的片。

3　将罗勒叶放入清水中浸泡，使用前沥水。

4　在碗中倒入柠檬调味汁、原味酸奶、杏仁粉，搅拌均匀，完成调味汁的制作。

5　在盘子中加入步骤④的调味汁，再加入煮好的豌豆、切好的猕猴桃和牛油果、罗勒叶。

6　用核桃碎装饰。

TIP

根据喜好增加调味汁的材料
柠檬调味汁是最基本的调味汁，再加入一点点其他的材料就可以让调味汁焕然一新。在柠檬调味汁中加入酸奶和杏仁粉，就会制成既清新又醇香的调味汁。

菠菜荷包蛋
培根沙拉

加入鸡蛋和菠菜，可以让你饱餐一顿的沙拉。鸡蛋里的脂肪成分可以帮助吸收菠菜中的胡萝卜素，一起吃对身体健康有帮助。食用前可以将荷包蛋的蛋黄弄碎，与沙拉搅拌。

材料

打底
迷你菠菜 1/2 捆

蛋白质
鸡蛋 1 个（做荷包蛋：醋 1 大勺）
培根 2 片（煎：橄榄油 1½ 大勺）

装饰
紫皮洋葱 1/4 个，面包干 15 粒

调味汁
意大利香醋调味汁 3 大勺　**参考 P018**
香油、芝麻盐各 1/2 大勺

做法

1 将菠菜切成适合食用的大小，将紫皮洋葱切丝，在清水中浸泡，使用前沥水。

2 将 1 大勺醋放入沸水中，打入鸡蛋，煮 3min，做成荷包蛋。

3 将培根切成适合食用的大小，锅中放入橄榄油，煎成酥脆状，用厨房纸巾吸去多余的油。

4 在碗中倒入意大利香醋调味汁、香油、芝麻盐，搅拌均匀后完成调味汁的制作。

5 在盘子中放入菠菜，加入步骤④的调味汁、荷包蛋、煎培根。放上切好的洋葱丝和面包干装饰。

TIP

煮荷包蛋时加醋
在煮荷包蛋时加入一勺醋可以帮助鸡蛋凝固，加速荷包蛋的形成。将水转动起来形成漩涡，可以做成圆形的荷包蛋。

小土豆沙拉

小土豆经常用黄油煎制或用来做炖菜。不妨试试煮熟后拌在清香的调味汁中，比用黄油煎制更加清淡，又没有做炖菜时那么咸，可以放心享用。小土豆富含钾，对于排出体内的钠有益处。

材料

打底
小土豆 10 个（煮：盐 1 大勺，白砂糖 1/2 大勺）

蔬菜
香葱 2 根

调味汁
柠檬调味汁 1 大勺　参考 P017
蛋黄酱 4 大勺，盐、黑胡椒粉各适量

做法

1　小土豆要带皮使用，所以先清洗干净。

2　在锅中加入凉水，放入小土豆、盐、白砂糖，煮 15min，捞出，冷却。

3　将冷却后的小土豆切成适合食用的大小，将香葱一半切成葱花，一半切成葱段。

4　在碗中倒入柠檬调味汁和蛋黄酱，搅拌均匀。

5　将步骤④中的调味汁和煮好的土豆、香葱一起搅拌均匀。

6　放入盘中，根据喜好用盐和黑胡椒粉调味。

TIP

煮土豆时加盐和白砂糖
煮土豆时稍微放一些盐和糖，会使味道变得更加美味。也可以用一般的土豆来代替小土豆。

B.L.T 沙拉

大家比较熟知的是由培根（Bacon）、生菜（Lettuce）、番茄（Tomato）的首字母组合而成的 B.L.T 三明治。用这种组合同样也可以制作沙拉。减少碳水化合物的含量，增加蔬菜的分量，是更加健康的沙拉。

材料

打底
西生菜 1/4 棵

蔬菜
菊苣 20g，黄瓜 1/4 个，圣女果 3 个

蛋白质
培根 2 片（煎：橄榄油 1¹/₂ 大勺）
鹌鹑蛋 5 个（煮：醋 1 大勺）

装饰
面包干 15 粒，哥瑞纳帕达诺奶酪 10g

调味汁
西泽酱 3 大勺　参考 P026

做法

1 将西生菜和菊苣切成适合食用的大小，在清水中浸泡，使用前沥水。

2 沸水中加入 1 大勺醋，放入鹌鹑蛋煮 5min 左右，放入凉水中，去壳。

3 黄瓜切成小丁，圣女果切半。

4 将培根切成适合食用的大小，在平底锅中倒入橄榄油，煎成酥脆状，用厨房纸巾吸去多余的油。

5 将面包干放到没有油的平底锅中煎脆。

6 在碗中放入准备好的蔬菜、面包干、鹌鹑蛋、圣女果，浇上西泽酱搅拌均匀。

7 在盘中放入步骤⑥的成品，用煎培根和哥瑞纳帕达诺奶酪切片装饰。

TIP

煮鹌鹑蛋时加醋
煮鹌鹑蛋时，加入少许的醋，可以让去壳变得更容易。

鸡胸肉
墨西哥薄饼沙拉

在西饼店经常会看到墨西哥薄饼沙拉。放入了满满的健康食材，浇上蜂蜜芥末酱卷起来就完成了。像三明治一样，老少皆宜。

材料

打底
罗马生菜 20g，墨西哥薄饼 2 张

蔬菜和水果
番茄 1 个，牛油果 1/2 个，紫皮洋葱 1/3 个

蛋白质
鸡胸肉 1 块（腌料：盐、黑胡椒粉各少许）
博科奇尼奶酪 1 块

调味汁
蜂蜜芥末酱 2 大勺　参考 P029

做法

1　将鸡胸肉放入沸水中煮熟，顺着肉的纹路撕成条，撒上盐和黑胡椒粉拌匀。

2　将番茄和牛油果切块，博科奇尼奶酪也切成相同的厚度。

3　罗马生菜保持原有形态，紫皮洋葱切丝，在清水中浸泡，使用前沥水。

4　将干净的平底锅预热，用文火烙墨西哥薄饼的两面。

5　将烙好的墨西哥薄饼展开，放入罗马生菜后，再加入准备好的其他材料，浇上蜂蜜芥末酱后卷好。

6　将卷好的墨西哥薄饼沙拉放入包装纸中，切半。

TIP

顺着纹路撕鸡胸肉才会让肉质柔软
煮好的鸡胸肉一定要顺着纹路撕开，这样的口感会柔软美味。

迷迭香土豆配
罗马生菜沙拉

煎土豆的时候放入黄油和香草，会提升土豆的香气。迷迭香很适合搭配土豆。即使没有其他的蔬菜，加入黄油、迷迭香，也会制作出特别的沙拉。浇上加了辣椒碎的西泽酱，味道更好。

材料

打底
土豆 1 个（煎：黄油 1 大勺，迷迭香 2 根），罗马生菜 50g

蛋白质
培根 1 片（煎：橄榄油 $1\frac{1}{2}$ 大勺）

装饰
甜菜苗 10g

调味汁
西泽酱 3 大勺　参考 P026
青辣椒、红辣椒各 1/2 个

做法

1 将土豆放入沸水中煮 10min 后捞出，在平底锅中放入黄油、迷迭香一起煎土豆至酥脆。

2 将罗马生菜切成适合食用的大小，和甜菜苗一起在清水中浸泡，使用前沥水。

3 将培根切成适合食用的大小，在锅中均匀倒入橄榄油煎至酥脆，用厨房纸巾吸去多余的油。

4 将青红辣椒去籽，切碎，在碗中倒入西泽酱一同搅拌均匀。

5 在盘中放入步骤④准备好的调味汁和罗马生菜，拌均匀。

6 放上煎好的土豆、培根和甜菜苗。

TIP

土豆要煮至半熟再放入锅中煎
土豆如果煮至全熟，口感过于软糯。将煮得半熟的土豆放入平底锅煎制，会让土豆表皮酥脆，内部还能保持水分。

猕猴桃橄榄配面包

这款沙拉吃上一口，就能感受到清爽的口感。猕猴桃可以降低胆固醇，橄榄油富含不饱和脂肪酸，用这两种食材可以做出健康的沙拉。不妨尝一尝用水果制作的新款面包吧。

材料

打底
番茄 1 个（法棍面包 1/4 根）

蔬菜和水果
猕猴桃 2 个，橄榄 10 个，罗勒叶 3 张，
紫皮洋葱碎 1/2 大勺

调味汁
初榨橄榄油 2/3 大勺
盐、黑胡椒粉各少许

做法

1　番茄划十字刀，放入沸水中煮 10min 后，放入清水中浸泡，去皮。

2　去皮的番茄和去皮的猕猴桃都切成 1cm 见方的块。

3　将橄榄和罗勒叶均匀剁碎。

4　在碗中装入切好的所有食材搅拌均匀后，倒入初榨橄榄油，放入盐、黑胡椒粉。

5　在法棍面包上放上步骤④即可。

TIP

番茄去皮后使用
番茄去皮后，口感会更加软烂。如果番茄在沸水中煮的时间过长，会煮烂，这一点要注意。

抱子甘蓝配
明太子沙拉

明太子是可以给沙拉提味，增加醇香味的食材。用炒好的抱子甘蓝、坚果、芝麻调味汁搭配偏咸的明太子，会调和出不同感觉的沙拉。

材料

打底

抱子甘蓝 10 个（煎：黄油 1 大勺）

蛋白质

明太子 2 块，坚果碎 1 大勺（炒：黄油 1 大勺）

装饰

小葱 10 根

调味汁

芝麻调味汁 3 大勺　参考 P020

做法

1　去掉抱子甘蓝最外层，切半，放入沸水中焯 5min 后捞出冷却。

2　在平底锅中放入黄油，加热至熔化，加入坚果碎翻炒。

3　在平底锅中放入黄油，加热至熔化，煎抱子甘蓝。

4　去掉明太子皮，取出鱼子；将小葱一半切成葱花，一半切成葱段。

5　在碗中装入炒好的坚果碎和明太子一同搅拌均匀。

6　在盘中放入步骤⑤的成品，加上抱子甘蓝，用小葱装饰，浇上芝麻调味汁。

TIP

明太子需要用刀尖去皮分离

去明太子的皮时，需要小心翼翼地用刀尖去掉外皮，挑选出软糯的鱼子做菜用。

水果酸奶沙拉

在酸酸的原味酸奶中加入喜欢的水果和蔬菜，也可以加入应季水果。如果喜欢甜口，可以再加一些蜂蜜。吃上一盘水果酸奶沙拉，可以满足一天维生素的摄取量。

材料

打底
黄瓜 1/2 个，西芹 1/2 根

水果
猕猴桃、香蕉各 1 个，草莓 2 颗，蓝莓 10 颗，巨峰葡萄 5 颗

装饰
杏仁、核桃各 1/2 大勺

调味汁
原味酸奶 200mL，蜂蜜 2 大勺

做法

1 黄瓜和西芹切成半月形，放入清水中浸泡，使用前沥水。

2 将猕猴桃、香蕉去皮，和草莓一起切成适合食用的大小。

3 将巨峰葡萄切半备用。

4 在盘子中倒入原味酸奶，再按照类别将准备好的所有蔬菜和水果摆放好。

5 浇上蜂蜜，摆上杏仁和核桃装饰。

TIP

灵活使用熟透的水果
在冰箱中久放熟透或颜色变深的水果可以用来制作酸奶沙拉，可以完美地变身成为美味的沙拉。

生菜沙拉

西生菜含有 94%~95% 的水分，搭配用鲜奶油和戈尔贡佐拉干酪制作而成的酱汁，不会让身体有负担。西生菜和葡萄干的淡淡甜味可以让奶油酱更添风味。在完成的沙拉上稍稍加一些蜂蜜会更加美味。

材料

打底
西生菜 1/3 棵

装饰
核桃碎、葡萄干各 1 大勺

调味汁
戈尔贡佐拉干酪 2 大勺，鲜奶油 100mL
初榨橄榄油 2/3 大勺

做法

1 将西生菜竖切成三等份，放入清水中浸泡，使用前沥水。

2 在平底锅中加入戈尔贡佐拉干酪和鲜奶油，煮 3min，制作成稍稠一些的酱汁。

3 在盘中放入切好的西生菜，浇上步骤②的戈尔贡佐拉酱汁。

4 浇上初榨橄榄油，用核桃碎和葡萄干装饰。

TIP ————

制作戈尔贡佐拉酱汁
将鲜奶油和戈尔贡佐拉干酪混合煮，就会做出美味的奶油酱，拌意大利通心粉也很好吃。

芝麻菜橙子沙拉

芝麻菜的味道没有生菜那么苦，反而香气扑鼻，不仅可以用来做沙拉，也可以用来做比萨、意大利面等。加入一些干酪、核桃、花生酱等可以让芝麻菜的香味更加浓郁。如果觉得戈尔贡左拉干酪让身体有负担，那么可以用哥瑞纳帕达诺奶酪薄片代替。

材料

打底
芝麻菜 80g

水果
橙子 1 个

装饰
戈尔贡左拉干酪 2 大勺，核桃碎 1 大勺

调味汁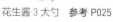
花生酱 3 大勺　**参考 P025**
青辣椒 1 个

做法

1　将芝麻菜切成适合食用的大小，在清水中浸泡，使用前沥水。

2　橙子去皮，果肉切成片。

3　青辣椒去籽，切碎，和花生酱混合搅拌均匀。

4　戈尔贡左拉干酪切成小方块，剁碎或者捣碎。

5　在盘中放入芝麻菜和橙肉后，浇上步骤③的调味汁。

6　用戈尔贡左拉干酪碎和核桃碎装饰。

TIP

橙子只用果肉
制作沙拉只需要准备橙子的果肉部分即可。
将水果刀插入橙子果肉中间，会很容易取出柔软的果肉。

香草面包糠配
蘑菇沙拉

用喜欢的蘑菇制作的沙拉。蘑菇富含膳食纤维和蛋白质，根据种类的不同，味道和营养成分都有所不同。在加入煎蘑菇的沙拉上撒一些有浓郁香草味的面包糠，更添风味。

材料

打底
蟹味菇、杏鲍菇、口蘑共 100g
（煎：橄榄油 1½ 大勺），欧芹碎 10g

蔬菜
西生菜、紫甘蓝各 1/4 棵，小水萝卜
1/2 个

装饰
香草面包糠（面包糠 100g，戈尔贡左拉
干酪 50g，欧芹 10g，初榨橄榄油 2 大勺）
甜菜苗 10g

调味汁
意大利香醋调味汁 3 大勺　参考 P018

做法

1　将戈尔贡左拉干酪、欧芹、初榨橄榄油放入搅拌机搅拌均匀。

2　将面包糠混入步骤①的成品中，放入烤箱用 180℃烤大约 7min，就制成了香草面包糠。

3　将西生菜和紫甘蓝切成适合食用的大小，和甜菜苗一同在清水中浸泡，使用前沥水。

4　将所有蘑菇切成适合食用的大小，将小水萝卜切成圆片。

5　在平底锅中加入橄榄油，放入所有的蘑菇，用大火煎香，再加入欧芹碎搅拌均匀。

6　在盘子中放入切好的蔬菜，摆上步骤⑤的成品，加入意大利香醋调味汁，上面用香草面包糠和甜菜苗装饰。

TIP

面包糠烤制后使用
将面包糠加入干酪和橄榄油搅拌后放入烤箱烤，和炸的面包糠味道不同。烤制过程中记得搅拌，以免烤糊。也可以用其他香草来代替欧芹。

煎茄子配番茄酱

茄子和南瓜都是煎着吃才更有味道的蔬菜。在煎茄子上面加入馅儿，放入烤箱中烤，做成暖暖的沙拉，也可以让身体暖暖的，不如试试看？在换季的时候或者天气寒冷的时候，试着吃上一次吧。

材料

打底
茄子 1 个（煎：橄榄油 1½ 大勺）

蔬菜
西葫芦 1/2 个

蛋白质
小虾仁 10 个（炒：橄榄油 2/3 大勺）

装饰
番茄酱 1 大勺，比萨奶酪 4 大勺

调味汁 ●
浓缩意大利醋 1 大勺　**参考 P028**

做法

1　茄子竖着对半，放到加有橄榄油的平底锅中煎至表皮发脆。

2　西葫芦切半，去瓤，切成 1cm 见方的块。

3　在平底锅中倒入橄榄油，炒西葫芦和小虾仁。

4　在步骤①煎好的茄子上面涂上番茄酱，再放上炒好的西葫芦和虾仁，加入比萨奶酪后，放入烤箱用 200℃烤 6min。

5　从烤箱中拿出来后浇上浓缩意大利醋。

TIP

西葫芦去瓤使用
西葫芦如果带瓤一起炒的话，会渗出很多水分，不适合做沙拉。所以请先去瓤。

煎三文鱼
古斯古斯沙拉

古斯古斯是一种形似小米的食物，碳水化合物含量相对少，蛋白质和维生素含量丰富，是很有人气的健康食品。可以和煎三文鱼一同食用。

材料

打底
古斯古斯 30g

蔬菜
胡萝卜、紫皮洋葱、细香葱、苦苣各 10g

蛋白质
三文鱼 100g（煎：橄榄油 1¹/₂ 大勺，黄油 1 大勺，百里香 3 根）

调味汁
意式调味汁 2 大勺　参考 P019

做法

1　将胡萝卜、紫皮洋葱、细香葱切碎。将苦苣放入清水中浸泡，使用前沥水。

2　将古斯古斯放入热水中煮 2min，再放入凉水中泡一下，沥水。

3　在碗中放入煮好的古斯古斯和步骤①的蔬菜碎，浇上意式调味汁。

4　在平底锅中倒入橄榄油，烧热，放入三文鱼，正反面煎至变色时加入黄油和百里香提味。

5　在盘子中放入苦苣和步骤③的成品，再放入煎三文鱼，浇上意式调味汁。

TIP

方便食用的古斯古斯
古斯古斯是北非常吃的食材，可以和各种各样的蔬菜、奶酪混合食用。在繁忙的早晨，可以快速煮好，再浇上一些橄榄油，就是一顿美味的早餐了。

科布沙拉

科布沙拉是一位名叫"科布"的大厨把厨房的剩菜混到一起做成的沙拉。灵活使用冰箱里剩下的五颜六色的食材，别有一番趣味。可以当作简单的派对小食。如果蔬菜边角料太多，不如试试做科布沙拉吧。

材料

打底
西生菜 1/4 棵

蔬菜和水果
牛油果 1/2 个，圣女果 8 个，玉米罐头
5 大勺

蛋白质
培根 2 片（煎：橄榄油 1½ 大勺，鸡蛋
2 个，戈尔贡左拉干酪 2 大勺）

调味汁
花生酱 3 大勺　参考 P025

做法

1 将西生菜撕成适合食用的大小，在清水中浸泡，使用前沥水。

2 牛油果去皮，切成 1cm 见方的块，将圣女果四等份。

3 培根切成 1cm 见方的片，在平底锅中倒入橄榄油，煎至酥脆，用厨房纸巾吸去多余的油。

4 将鸡蛋放入热水中煮 10min 后去壳，横切成八等份。

5 戈尔贡左拉干酪切成与牛油果同等大小。

6 在盘中铺上加工好的西生菜，浇上花生酱，再将准备好的其他材料整齐摆放好。

TIP

寻找美味的牛油果
牛油果的表皮如果发绿，那就是还没有完全熟透，没什么味道。表皮泛黑，摸起来柔软，像黄油一样的手感才是最好吃的状态。

蔬菜杂烩配
法棍面包

蔬菜杂烩是法国人的灵魂食品，可以用来制作沙拉。下班后疲惫的晚餐时间，将提前准备好的蔬菜杂烩从冰箱中拿出来，放到面包上，一顿美味的晚餐就有了。

材料

打底
茄子、西葫芦、洋葱各1/2个，杏鲍菇2个（炒：橄榄油$1^1/_2$大勺，蒜泥1大勺，法棍面包1/3个）

蔬菜
罗勒叶 3 枝

装饰
番茄酱 3 大勺

调味汁
初榨橄榄油 2 大勺

做法

1 将除罗勒叶之外的蔬菜都切成 1cm 见方的块。

2 在平底锅中倒入橄榄油，放入步骤①的蔬菜和蒜泥，用文火慢炒。

3 将法棍面包切成适合食用的大小，在没有油的平底锅中轻轻烙制。

4 在碗中将炒好的蔬菜、番茄酱、罗勒叶搅拌均匀。

5 在法棍面包上浇上初榨橄榄油，再放上步骤④的成品就完成了。

TIP

将蔬菜用文火慢炒
如果用大火炒蔬菜，容易里生外熟。用文火慢炒才会让蔬菜的口感更好，味道更香。

煎洋葱
鸡胸肉沙拉

鸡胸肉是有名的高蛋白食品，但吃起来口感发柴。如果厌倦了鸡胸肉的味道，不妨加一些奇米丘里辣酱，口感更好，味道更香哦。

材料

打底
洋葱 1/2 个（煎：橄榄油 $1^1/_2$ 大勺）

蔬菜
芝麻菜、苦苣各 20g，紫皮洋葱 10g

蛋白质
鸡胸肉 1 块（煎：橄榄油 $1^1/_2$ 大勺，盐、黑胡椒粉各少许）

调味汁
奇米丘里辣酱 2 大勺　参考 P021
意大利香醋调味汁 1 大勺　参考 P018

做法

1　将洋葱切成厚厚的洋葱圈，在平底锅中倒入橄榄油，用文火煎至微黄。

2　鸡胸肉横片成两块，在平底锅中倒入橄榄油，撒上盐和黑胡椒粉，煎至两面微黄。

3　在煎好的鸡胸肉上涂奇米丘里辣酱。

4　将芝麻菜切成适合食用的大小，紫皮洋葱切丝，和苦苣一起在清水中浸泡，使用前沥水。

5　在盘中放入煎好的洋葱圈和鸡胸肉，放入芝麻菜、苦苣、紫皮洋葱丝，浇上意大利香醋调味汁。

TIP

鸡胸肉片薄后再煎
鸡胸肉横片成两块再煎，容易熟，要切成适当的厚。洋葱要慢慢煎至微黄，这样口感更佳，柔软美味。

芦笋鹌鹑蛋沙拉

用芦笋制作的简易沙拉。只需要煎一下芦笋，就能做出和饭店味道类似的沙拉。芦笋可以缓解疲劳、强壮身体，经常用来制作沙拉或炒菜。

材料

打底
芦笋 5 根（煎：橄榄油 1¹/₂ 大勺，盐、黑胡椒粉各少许）

蛋白质
培根 1 片（煎：橄榄油 1¹/₂ 大勺），鹌鹑蛋 2 个，戈尔贡左拉干酪 10g

调味汁 ●
浓缩意大利醋 1 大勺　参考 P028

做法

1　去掉芦笋的根部，用削皮器削去茎部外皮。

2　将平底锅烧热，倒入橄榄油，放入芦笋煎制，撒上盐和黑胡椒粉。

3　将鹌鹑蛋放入沸水中煮 5min 后放入凉水中浸泡，去壳，竖切成四等份。

4　将培根放入加有橄榄油的平底锅中煎至酥脆，用厨房纸巾吸去多余的油。

5　在盘中并排放入煎好的芦笋、鹌鹑蛋、煎好的培根、切成块的戈尔贡左拉干酪。

6　浇上浓缩意大利醋即完成。

TIP
芦笋需要去根使用
芦笋的皮是纤维质，需要用削皮器去掉后再烹调。根部需要剪去 2cm 左右才不会太硬。芦笋可以放入水中保存。

腌花椰菜配
红薯贝柱沙拉

高颜值的腌花椰菜和甜甜的红薯泥，再配上美味的煎贝柱，会呈现出不一样的感觉。将超级美味的花椰菜腌制后，可以搭配意大利面、比萨饼等一同享用。

材料

打底
花椰菜 1/2 棵（腌菜汁：油醋汁 200mL，参考 P022，白砂糖 2 大勺，腌制香料 1 大勺）

蛋白质
贝柱 3 个（煎：橄榄油 1¹/₂ 大勺）

调味汁
红薯 1 个（搅拌：黄油 1 大勺）

做法

1 将花椰菜去茎，切成适合食用的大小，放入盐水中清洗。

2 在平底锅中倒入油醋汁、白砂糖、腌制香料，煮沸后捞出香料。

3 在煮沸的腌菜汁中加入花椰菜，放置 5h 以上。

4 将贝柱涂上橄榄油，放入预热好的平底锅中煎至表面酥脆。

5 红薯去皮后六等份，放入水中煮约 20min，碾碎，放入黄油搅拌。

6 在盘子中放入步骤⑤的红薯泥、步骤③腌制好的花椰菜和煎好的贝柱就完成了。

TIP

制作简单的腌菜汁
只需要将油醋汁和腌制香料混合，就可以做出简单的腌菜汁了。除了花椰菜外，还可以放入黄瓜、胡萝卜、白萝卜等食材，制作美味的腌制蔬菜。

第三部分

想小酌时的
配酒沙拉

想小酌一杯时，推荐配酒
沙拉，可以让你的酒桌增
色不少。沙拉也可以配酒
吗？如果你有这种疑问，
那么不妨把下面介绍的这
些沙拉配酒试试看。冰啤
酒和浓烈的烧酒，以及淡
淡的红酒，都可以搭配沙
拉并且很美味，不妨亲自
试试看。

土豆泥通心粉沙拉配啤酒

通心粉是短的意大利面，主要用来制作沙拉或泡在汤中食用。和土豆泥拌在一起，再开一罐冷藏的清凉啤酒，堪称完美的搭配。

材料

打底
土豆 1 个，通心粉 50g
（煮：盐 1/2 大勺）

蔬菜
欧芹叶 5 片，胡萝卜碎、洋葱碎各 1 大勺（炒蔬菜碎：橄榄油 1 1/2 大勺）

调味汁
黄油 1 大勺，盐、黑胡椒粉各少许

做法

1 土豆去皮，切成六等份，加入盐，煮约 15min，捞出，碾碎。

2 将通心粉放入沸水中，加盐，煮 10min。

3 将胡萝卜碎和洋葱碎放入加有橄榄油的平底锅中，轻轻翻炒。

4 将欧芹叶切碎。

5 在碗中放入所有的材料，加入黄油、盐和黑胡椒粉搅拌均匀，放入盘中。

TIP

煮土豆的时间最好是 15min
土豆如果煮的时间太久就会有很多水分，和其他食材搅拌的时候就没有味道了。所以一定要严格控制煮土豆的时间。

炸杏鲍菇沙拉
配啤酒

说到下酒菜，那不得不提油炸食品了吧？没有比油炸食品更适合做下酒菜的了。炸杏鲍菇外皮酥脆，虽然吃完后会有一点油腻感，但马上喝一口清爽的啤酒就可以完全解腻。

材料

打底

杏鲍菇1个（面衣：油炸粉、水各5大勺，炸：食用油500mL）

蔬菜

芝麻菜 30g

调味汁

芝麻调味汁 3 大勺　参考 P020

做法

1 将芝麻菜放入清水中浸泡，使用前沥水。

2 在油炸粉中加入等量的水，制作成面衣。

3 杏鲍菇竖切成四等份，包裹上步骤②完成的面衣后，放入 160~170℃的热油中炸至淡黄色。

4 在盘子中放入芝麻菜和炸好的杏鲍菇，浇上芝麻调味汁即可。

TIP

油炸温度保持在 160~170℃最为妥当
在炸杏鲍菇之前，需要检查油温。先放入一点需要油炸的食物，如果食物没有下沉，并马上漂上来，就是合适的温度。

炸春卷皮与海螺沙拉配啤酒

这道菜是凉啤酒最好的拍档。用酥脆的炸春卷皮代替点心，炸春卷皮上面放上海螺沙拉，味道简直赞爆了。如果觉得海螺太生，可以稍微煎得脆一些，再蘸上爽口的酱汁一起吃。也可以用虾代替海螺。

材料

打底
玉兰菜1棵，越南春卷皮2张（炸：食用油500mL）

蔬菜和水果
红甜椒1/6个，紫皮洋葱、芒果各1/8个，甜瓜30g，荔枝4颗

蛋白质
海螺50g（煎：橄榄油1¹/₂大勺，黄油2大勺，盐少量）

装饰
烤松子1大勺，红脉酸模叶10g

调味汁
油醋汁7大勺　参考 P022

做法

1 玉兰菜一片片剥开，和红脉酸模叶一起在清水中浸泡，使用前沥水。

2 将越南春卷皮四等份，放入160~170℃的油锅中炸酥。

3 海螺切成2cm见方的块，放入加有橄榄油的平底锅里煎至上色后放入黄油，并撒入少量的盐。

4 红甜椒、紫皮洋葱、芒果、甜瓜、荔枝切成与海螺丁同等大小的丁状。

5 在碗中倒入油醋汁和步骤④的蔬菜及水果，搅拌均匀。

6 在盘中一片片地放入玉兰菜，再按次序放入炸春卷皮、煎海螺、油醋汁、拌好的蔬菜与水果。

7 用烤松子和红脉酸模叶装饰。

TIP

油醋汁搭配水果

在油醋汁中加入水果，会增加酸酸甜甜的味道。炸春卷皮的时候，放入油中会马上膨胀，需要赶紧拿出来。

煎豆腐与蘑菇沙拉
配啤酒

蟹味菇、豆腐、花生酱、黑芝麻的组合会带来醇香的味道，配上啤酒味道刚刚好。蟹味菇可以补充豆腐中膳食纤维的不足，食材的搭配堪称完美。吃着美味还健康，可谓是一举两得的沙拉。

材料

打底

蟹味菇 80g（炒：橄榄油 1¹/₂ 大勺，盐、黑胡椒粉各少许）

蛋白质

豆腐 1/2 块（煎：橄榄油 1¹/₂ 大勺）

装饰

戈尔贡佐拉干酪 10g

调味汁

花生酱 3 大勺　参考 P025
细香葱 3 根，黑芝麻 1 大勺

做法

1 将蟹味菇撕开，放入加有橄榄油的平底锅中炒，加盐和黑胡椒粉调味。

2 豆腐切成适合食用的大小，控水后放入加有橄榄油的平底锅中煎至微黄。

3 将细香葱切碎，在碗中放入黑芝麻和花生酱，一同搅拌均匀。

4 在盘中摆上煎好的豆腐及炒好的蟹味菇，再浇上步骤③的调味汁。

5 用戈尔贡佐拉干酪碎做装饰。

TIP

分次加油炒蟹味菇
蟹味菇很吸油，炒制的时候不要一次放太多油，要一点一点加油炒。

越南春卷沙拉
配啤酒

提到越南料理，最先想到的就是米线和春卷了。特别是越南春卷，制作简单，适合用来招待客人。将各种蔬菜切好，卷到越南春卷皮中就大功告成了。很适合搭配花生酱，如果喜欢吃辣，可以再拌一些甜辣酱。

材料

打底
越南春卷皮 3 张

蔬菜
红甜椒 1/2 个，胡萝卜、洋葱各 1/4 个，西生菜 20g，圣女果 4 个

蛋白质
大虾 3 只（焯水：柠檬 1/8 个，香叶 1 片，黑胡椒粒 5 粒）

调味汁
花生酱 3 大勺　参考 P025

做法

1 将胡萝卜、洋葱、西生菜切成粗丝，在清水中浸泡，使用前沥水。

2 将红甜椒切成粗丝，圣女果切半。

3 大虾去除虾线、虾头和虾壳，入沸水中，加柠檬、香叶、黑胡椒粒，煮2min后捞出冷却。

4 把越南春卷皮放入沸水中轻轻泡一下后赶紧取出，变软后放入盘中。

5 在步骤④的成品上涂上花生酱，放上所有的蔬菜和大虾，卷好即可。

TIP

泡越南春卷皮的水不要太热
将越南春卷皮放入热水中浸泡时，要注意水的温度和浸泡时间。水温如果过热或者浸泡时间过长，越南春卷皮很容易破碎。

中国风味烤茄子
和玉米沙拉配啤酒

在家也可以轻松健康地享受中国风味的沙拉。在烤茄子上淋上具有中国特色的酱汁，味道更加特别。在嘴里砰砰爆裂开的玉米也有特别的感觉。在晚春初夏之间，用时令茄子制作的沙拉再配上一杯啤酒，可以纾解夏日的炎热。

材料

打底
茄子1个（搅拌：橄榄油1½大勺，盐、黑胡椒粉各少许）

装饰
玉米罐头 3 大勺

调味汁 /
大葱 1 根，蒜 1 头（爆锅：橄榄油 1½大勺，辣椒面 1 大勺）
油醋汁 2 大勺　**参考 P022**
低聚糖 2 大勺
酱油 3 大勺，白砂糖 1 大勺

做法

1 将茄子切成 1cm 厚的片，加入橄榄油、盐、黑胡椒粉搅拌均匀，用 200℃烤制 10min。

2 大葱切丝，蒜捣碎。

3 在平底锅中加入橄榄油，加入葱丝、蒜末、黑胡椒粉倒翻炒至微微变黄，再加入油醋汁、低聚糖、酱油、白砂糖烧开。

4 将茄子一片一片放入盘中，撒上玉米粒作为装饰，浇上步骤③的调味汁。

TIP ─────

茄子放到烧烤油纸上烤
茄子水分含量大，烤茄子的时候要在烤箱里铺上油纸，再在上面摆放茄子，这样可以维持适当的水分，让烤茄子有润润的口感。

啤酒

在炎热的夏季喝上一杯啤酒，没有比这个更幸福的事了。啤酒是在小麦芽或大麦芽中加入啤酒花，经过发酵制成，适合搭配咸口的油炸食品或水果。嘴里的盐分残留之际，喝下一口清爽的啤酒，那真是极致的美味。

烧酒

提到"酒"，最先想到的就是烧酒。米酒和地瓜酒这种蒸馏式烧酒酒精度数高，很容易喝醉，且会对胃造成伤害。所以下酒菜的选择就尤为重要。需要选择没有刺激性且可以缓解醉酒的那种保护身体的配酒沙拉。

红酒

红酒是将葡萄蒸馏之后制成的酒。每个地区栽培的葡萄品种不同，所以红酒的种类也有所不同。不同的味道和香气也会让酒的味道有好有坏。如果选择不符合红酒特性的下酒菜，那么就很难感受到红酒的味道和香气。

水萝卜和黄瓜沙拉配红酒

很适合清爽夏季的希腊式沙拉。菲达奶酪是这道沙拉的重点，也是希腊式沙拉中绝对不能缺少的材料。再加上黄瓜、水萝卜，会更加美味。

材料

打底
黄瓜 1 根，小水萝卜 5 个

蔬菜
细香葱 10 根

蛋白质
菲达奶酪 1 大勺

调味汁
柠檬调味汁 1 大勺　**参考** P017
蛋黄酱 4 大勺

做法

1 将黄瓜和小水萝卜切成 0.3cm 厚的圆片。

2 细香葱切成小段，将菲达奶酪碾碎备用。

3 在柠檬调味汁中加入蛋黄酱混合均匀。

4 在碗中将所有的食材混合均匀后，装入盘中。

TIP

小水萝卜不要切得太厚
小水萝卜有着艳丽的色彩和清脆的口感，切成适当的厚度很重要。如果切得过厚，口感就会不好，切的时候要注意调节厚度。

三文鱼土豆沙拉
配红酒

在法国留学时，房主阿姨强烈推荐给我的菜单。制作方法很简单，味道也是一绝。土豆和三文鱼的清淡感配上柠檬调味汁的爽口，简直是完美的组合。柠檬可以中和三文鱼的腥味和油腻感。

材料

打底
土豆 1 个（煮：盐 1 大勺）

蔬菜
莳萝、细叶芹各 1 根

蛋白质
三文鱼 100g

调味汁
柠檬调味汁 2 大勺　参考 P017

做法

1 土豆去皮，切成 2cm 见方的块，加盐煮 15min。

2 将三文鱼切成同土豆一样大小的块。

3 将莳萝和细叶芹各留出一片叶子作为装饰，其他的切碎。

4 在碗中加入煮好的土豆、三文鱼、莳萝碎、细叶芹碎、柠檬调味汁搅拌均匀。

5 在盘中放入步骤④的成品，用莳萝叶和细叶芹叶做装饰。

TIP
三文鱼切成与土豆相同大小
要让沙拉看起来更加漂亮，就需要让材料的外形和大小统一，这样装盘的时候看起来才会整齐干净。所以请将三文鱼和土豆切成相同大小的块。

奇米丘里牛里脊沙拉配红酒

如果吃牛排感觉有负担，那么就和蔬菜一起做成沙拉吧。奇米丘里辣酱可以中和肉的油腻感，增添清爽的口感。

材料

打底
芝麻菜 80g

蔬菜
苦苣 20g

蛋白质
牛里脊 150g（煎：橄榄油 1$\frac{1}{2}$ 大勺）

装饰
紫皮洋葱 20g，戈尔贡佐拉干酪 10g

调味汁
奇米丘里辣酱 2 大勺 **参考 P021**
初榨橄榄油 1$\frac{1}{2}$ 大勺，盐、黑胡椒粉各少许

做法

1 将芝麻菜和苦苣切成适合食用的大小，在清水中浸泡，使用前沥水。

2 将牛里脊切成适合食用的大小，平底锅中均匀倒入橄榄油，用大火煎熟，再拌上奇米丘里辣酱。

3 紫皮洋葱切成丝。

4 在盘子的一侧放入芝麻菜和苦苣，剩下的位置放入步骤②的成品。

5 在蔬菜上面放上切成薄片的戈尔贡佐拉干酪，用紫皮洋葱装饰。最后浇上初榨橄榄油，撒上盐和黑胡椒粉。

TIP

煎牛里脊需要拌着调味汁吃
将煎牛里脊拌在调味汁中，可以让肉香更好地散发出来。奇米丘里辣酱很适合搭配牛肉。

牛油果慕斯和玉兰菜贝柱沙拉配红酒

玉兰菜本身就是口感香脆的沙拉蔬菜。将玉兰菜煎一煎，味道会更加清香。用大火煎的话，内部不容易熟，并且口感过硬，所以用小火慢煎是制作的重点。

材料

打底
玉兰菜 1 棵
（煎：橄榄油 1 $\frac{1}{2}$ 大勺，黄油 1 大勺）

蛋白质
贝柱 6 个
（煎：橄榄油 1 $\frac{1}{2}$ 大勺，黄油 1 大勺）

装饰
细叶芹、红脉酸模叶、旱金莲叶各少许

调味汁
牛油果慕斯 4 大勺　参考 P027

做法

1　将玉兰菜对半切开。

2　平底锅中倒入橄榄油，煎至玉兰菜上色后转成文火，加入黄油，继续煎至金黄色。

3　取另一个平底锅，倒入橄榄油，加热，倒入贝柱，将表面煎至酥脆，转文火，加入黄油提香。

4　待煎好的玉兰菜和贝柱冷却，将牛油果慕斯放入裱花袋中。

5　在盘中装入煎好的玉兰菜及贝柱，挤上适量的牛油果慕斯。

6　用细叶芹、红脉酸模叶、旱金莲叶做装饰。

TIP

牛油果慕斯要放入冰箱保存
在挤牛油果慕斯时，如果玉兰菜和贝柱过热，慕斯很容易熔化，所以要冷却后再装盘。使用后剩余的慕斯一定要冷藏保存。

煎蔬菜沙拉与戈尔贡左拉奶油配红酒

煎好蔬菜，一层一层堆叠在盘中，再倒上戈尔贡左拉奶油酱汁，餐厅沙拉就大功告成了。戈尔贡左拉干酪是意大利一种具有代表性的蓝纹奶酪，特征是香甜并带有刺激味道，像奶油一样柔软，很适合用作酱汁或意面食材。

材料

打底
西葫芦 1/3 个，茄子 1/4 个，杏鲍菇、芦笋各 1 根，洋葱 1/2 个（煎蔬菜：橄榄油 1½ 大勺）

装饰
欧芹 5 片（切碎），粉红胡椒 6 粒，莳萝叶 3 片

调味汁 ●
浓缩意大利醋 1 大勺　参考 P028

调味汁
戈尔贡左拉干酪 1 大勺，鲜奶油 100mL

做法

1 西葫芦、茄子、杏鲍菇、洋葱切成 1cm 厚的圆片，芦笋切成 5cm 长的小段。

2 在平底锅中加入橄榄油，分别煎熟步骤①的蔬菜。

3 将浓缩意大利醋和欧芹碎淋在煎好的蔬菜上。

4 煮戈尔贡左拉干酪和鲜奶油3min，制成黏稠的酱汁。

5 将煎好的蔬菜层层堆叠在盘中，再倒入步骤④中酱汁。

6 撒上粉红胡椒和莳萝叶进行装饰。

TIP

蔬菜装盘时要考虑重心
一层一层堆叠蔬菜时，将最重的蔬菜放在盘底，而后按照重量依次加入。这样既可以让它不会倒，又可以漂亮地堆成塔状。

意大利青酱鱿鱼沙拉
配红酒

调制好的意大利青酱可以用来制作多种料理。用来拌焯好的鱿鱼，其所含的罗勒会去除海鲜带有的腥味。罗勒是一种有助于抗老化、缓解消化不良、利尿的香草。

材料

打底
黄须菜 30g

蔬菜
圣女果 8 个

蛋白质
鱿鱼 1 只（焯水：柠檬 1/4 个，香叶 1 片，黑胡椒 5 粒）

装饰
小水萝卜 1/2 个，鹰嘴豆罐头 1 大勺

调味汁
意大利青酱 2 大勺　**参考 P024**

做法

1 将鱿鱼的身体和须子分开，去掉内脏和皮，切成圈状。

2 在水锅中加入柠檬、香叶、黑胡椒煮开，放入鱿鱼焯水约 2min。

3 黄须菜在清水中浸泡，使用前沥水。

4 圣女果切半，小水萝卜切成圆片。

5 在碗中加入意大利青酱、焯好的鱿鱼、圣女果搅拌均匀。

6 黄须菜盛入盘中，放上步骤⑤的成品后，用鹰嘴豆和小水萝卜片装饰。

TIP

腌渍一天，味道会更好
将焯好的鱿鱼拌上意大利青酱，放入冰箱腌渍一天后再用作沙拉，味道和风味会好很多。

柠檬黄油煎鸡肉和
芦笋配红酒

无须特殊的调味汁，用煎鸡胸肉时加入的柠檬汁和黄油完成调味的沙拉。芦笋中的谷胱甘肽有助于肝脏解毒，还会减少宿醉负担，是一种奇特的下酒菜。

材料

打底
芦笋 8 根（煎：橄榄油少许）

蛋白质
鸡胸肉 1 块（煎：橄榄油 1½ 大勺）
柠檬 1/2 个（取汁），黄油 1 大勺，盐、黑胡椒粉各少许

装饰
黑胡椒碎 1 大勺

做法

1 芦笋切除 3cm 左右根部，削去硬皮。

2 在平底锅中加入橄榄油，放入芦笋煎熟。

3 用刀将鸡胸肉片成薄片。

4 在平底锅中加入橄榄油，放入鸡胸肉后，加柠檬汁、黄油、盐和黑胡椒粉煎熟。

5 煎好的芦笋盛入盘中，搭配步骤④中的黄油煎鸡肉和黑胡椒碎。

TIP

芦笋加油煎
煎芦笋时，请加入橄榄油或黄油，它会帮助吸收芦笋中所富含的脂溶性维生素。

垂盆草蛤蜊沙拉
配烧酒

蛤蜊很适合搭配酒类，如我们常吃的酒蒸蛤蜊。当您想要搭配蔬菜一起轻松享用蛤蜊时，我推荐沙拉！记得蛤蜊要提前吐沙。

材料

打底
垂盆草 50g

蔬菜
蒜 5 瓣（炒蒜油：橄榄油 1¹/₂ 大勺）

蛋白质
蛤蜊 15 粒（炒：意大利香醋调味汁 3 大勺　参考 P018）

装饰
小水萝卜 1 个

调味汁
初榨橄榄油 2/3 大勺

做法

1　垂盆草在清水中浸泡，使用前沥水。

2　用刀背将蒜拍碎，放进倒入橄榄油的平底锅中，以小火炒出蒜油。

3　蛤蜊放入步骤②中，稍加翻炒后加入意大利香醋调味汁，继续翻炒至熟。

4　小水萝卜切成圆片。

5　垂盆草盛入盘中，放上炒熟的蛤蜊，搭配小水萝卜片和初榨橄榄油。

TIP

蒜即拍即用
炒蒜油易将蒜炒糊，影响食物的味道。将拍碎的蒜小火炒至金黄，炒出蒜油。

山蒜贝柱沙拉
配烧酒

富含维生素 C 的山蒜是一种有益于肌肤美容，提高活力的食材。山蒜不仅能做成炖菜，还可以做拌菜来吃。山蒜刺激的味道和香味与沙拉更配哦。

材料

打底

山蒜 50g

蔬菜

菊苣 20g

蛋白质

贝柱 2 粒（调味：盐、黑胡椒粉各少许
煎：橄榄油 1¹/₂ 大勺）

装饰

红脉酸模叶 10g

调味汁

意大利香醋调味汁 3 大勺　参考 P018

做法

1 贝柱去除水分后，以盐和黑胡椒粉调味。

2 在烧热的平底锅中倒入橄榄油，加入贝柱，大火煎至两面酥脆。

3 山蒜和菊苣一起切成适合食用的大小，在清水中浸泡，使用前沥水。

4 将山蒜和菊苣盛入盘中，放上煎好的贝柱。

5 搭配意大利香醋调味汁，放上红脉酸模叶后完成。

TIP

平底锅烧热后煎贝柱更香
煎贝柱前，用厨房纸巾将表面的水分吸干，这样才不会有水溅出。另外，如果是在低温平底锅中煎贝柱，那贝柱可能会粘在锅底或肉汁流失。

娃娃菜饼沙拉
配烧酒

娃娃菜略带甜味，深受大众喜爱。同时它还有助于提升食欲，且富含膳食纤维，有益于肠道健康。可每次购买分量太多，常常会让我们感到烦恼。这时候就尝试制作娃娃菜饼沙拉吧。你会迷上它与众不同的味道。

材料

打底

娃娃菜3片（面衣：煎饼粉、水各6大勺，盐少许煎：橄榄油6大勺）

蔬菜

芝麻菜、紫皮洋葱各 10g

调味汁 ●

芝麻调味汁 2 大勺　参考 P020

做法

1 娃娃菜一片片撕开，以清水清洗。

2 取同量的煎饼粉、水，加入少许盐搅拌成面衣，将娃娃菜裹上面衣，放进倒入橄榄油的平底锅中，双面煎熟。

3 紫皮洋葱切丝，与芝麻菜一起在清水中浸泡，使用前沥水。

4 娃娃菜饼盛入盘中，淋上芝麻调味汁。

5 搭配芝麻菜和紫皮洋葱丝。

TIP

娃娃菜煎好后去油

娃娃菜稍微煎制后，吃起来会更香。煎后请放在厨房纸巾上，吸去多余的油后食用。还可以用大白菜代替娃娃菜。

牛胸肉沙拉
配烧酒

我们经常将牛胸肉部位用作烧烤或火锅，它筋道的口感加上醇香的味道，让人十分上瘾！一口牛胸肉沙拉，搭配一口烧酒，今天的压力全都会消失不见。我们亦可用培根代替牛胸肉。

材料

打底
金针菇 1/2 袋（煎：橄榄油 1$\frac{1}{2}$ 大勺）

蔬菜
西生菜 1/4 棵，罗马生菜、菊苣、紫甘蓝、紫叶生菜各 20g

蛋白质
牛胸肉 80g（煎：橄榄油 1$\frac{1}{2}$ 大勺）

装饰
紫皮洋葱 1/4 个，细香葱 5 根

调味汁
意大利香醋调味汁 3 大勺　**参考 P018**
香油 1 大勺，蚝油、芝麻盐各 1/2 大勺

做法

1 将西生菜、罗马生菜、菊苣、紫甘蓝、紫叶生菜切成适合食用的大小，在清水中浸泡，使用前沥水。

2 平底锅中放入橄榄油烧热后加金针菇、牛胸肉煎熟。

3 紫皮洋葱切成细丝，将细香葱切成段。

4 在碗中倒入意大利香醋调味汁、香油、蚝油和芝麻盐，混合制成调味汁。

5 将步骤①中的蔬菜盛入盘中，放上煎好的牛胸肉和金针菇。

6 搭配紫皮洋葱丝和细香葱，浇上步骤④中的调味汁，完成菜品。

TIP

牛胸肉要大火煎
牛胸肉肥瘦相间，醇香的味道堪称一绝。但低温煎会产生肉腥味，请一定要大火煎。

松露香生拌牛肉沙拉配烧酒

松露作为世界三大美味之一，闻名于世。最近在韩国有很多食物会搭配松露或松露油。尤其是生拌牛肉，与松露油堪称绝配，这道沙拉很适合招待朋友。

材料

打底
小水萝卜 1 个，紫皮洋葱 1/4 个

蛋白质
用于生拌牛肉的牛肉馅 100g（搅拌：松露油 3 大勺，盐、黑胡椒粉各少许）

装饰
鹌鹑蛋 1 个

做法

1 将用于生拌牛肉的牛肉馅放在厨房纸巾上，吸去血水后，以松露油、盐、和黑胡椒粉进行搅拌。

2 小水萝卜切成薄片。

3 紫皮洋葱切细丝，浸泡在清水中，去除辣味。

4 将步骤①中的生拌牛肉盛入盘中，放上生鹌鹑蛋蛋黄。

5 加入小水萝卜片和紫皮洋葱丝，完成菜品。

TIP

生拌牛肉用油拌一下，冷冻片刻会更加美味
牛肉馅加入松露油后，就是可以体会到浓郁香味的生拌牛肉沙拉。将用油拌过的生拌牛肉冷冻片刻后，吃起来会更美味。

玉兰菜蟹肉沙拉
配烧酒

蟹肉棒是可以在家门口的便利店轻易买到的食材，只要在此基础上加入玉兰菜和意大利青酱，即可变身为很棒的零食。想要邀请朋友简单喝一杯烧酒的时候，就做来吃吧！

材料

打底
玉兰菜 1 棵

蔬菜
圣女果 10 个

蛋白质
蟹肉棒 2 根

装饰
细叶芹少许

调味汁
意大利青酱 2 大勺　参考 P024
蛋黄酱 1 大勺

做法

1　将玉兰菜一片片剥开，在清水中浸泡，使用前沥水。

2　圣女果切成四等份，将蟹肉棒撕成细条。

3　在碗中加入意大利青酱、蛋黄酱、圣女果和蟹肉棒搅拌均匀。

4　将玉兰菜一片片地放在盘中，上方加入适量的步骤③的成品，并用细叶芹进行装饰。

TIP

想要低热量，可以省略蛋黄酱
这是一种在意大利青酱中混合蛋黄酱的香浓调味汁。若想减少热量摄入，可以去掉蛋黄酱，味道也很不错。

西班牙风味青口沙拉配烧酒

在西班牙，人们会将这道青口料理与酒一起享用。这道搭配新鲜蔬菜的西班牙风味青口沙拉正适合作为安抚疲惫一天的下酒菜。

材料

打底
红甜椒、黄甜椒各 10g

蔬菜
西生菜 1/4 棵，芝麻菜、菊苣、紫甘蓝、紫叶生菜各 20g，紫皮洋葱 10g，罗勒叶 1 片

蛋白质
青口 10 只

装饰 🌿
莳萝叶 5 片

调味汁 🍋🥄
柠檬调味汁 5 大勺　**参考 P017**
红酒醋 1 大勺

做法

1　将西生菜、芝麻菜、菊苣、紫甘蓝、紫叶生菜切成适合食用的大小，在清水中浸泡，使用前沥水。

2　青口放入开水中煮 10min 后，去掉一侧壳。

3　将红甜椒、黄甜椒、紫皮洋葱和罗勒叶剁碎。

4　在碗中倒入柠檬调味汁、红酒醋和步骤③中的蔬菜碎搅拌均匀。

5　将步骤①中的蔬菜盛入盘中，加入青口后，将步骤④的成品撒在青口上。

6　用准备好的莳萝叶进行装饰，完成菜品。

TIP

若喜欢辣味，可以加入辣椒
加入甜椒、紫皮洋葱和罗勒叶的酱汁，搭配鲷鱼、比目鱼和石斑鱼等生鱼片更为合适。如果想要增加辣味，可加入辣椒碎，搅拌均匀后食用。

第四部分

低热量、美味的
减肥沙拉

低热量沙拉是最好的减肥料理。合理搭配食
材，还可能得到更加有效的减肥食谱。如果
为了减肥，你已经吃腻了鸡蛋和鸡胸肉，
那现在不妨挑战一下多样的沙拉菜品吧。这
一部分我们将为大家介绍好吃又可以减肥的
沙拉。

甜菜根水果沙拉

这是一道五彩斑斓、色泽丰富的沙拉。甜菜根的紫红色、芒果的嫩黄色、西芹的青绿色……大自然的天然颜色将我们的餐桌装点得绚丽多彩。尤其是甜菜根低热量、低脂肪，不仅有助于减肥，更因其富含大量铁，对预防贫血效果显著。

材料

打底
甜菜根 1/4 个（煮：白砂糖 1/2 大勺）

蔬菜和水果
苹果 1/4 个，芒果 20g，西芹 1 根

蛋白质
乳清奶酪 5 大勺

装饰
莳萝叶、甜菜苗、细叶芹各少许

调味汁
柠檬调味汁 3 大勺　参考 P017

做法

1 甜菜根去皮，切成 1cm 见方的块，放入沸水中与白砂糖一起煮 4min 左右。

2 苹果和芒果切成与甜菜根同样的大小。

3 用刀尖削去西芹外皮，切成适合食用的大小。

4 乳清奶酪装入裱花袋中，备用。

5 将准备好的块状水果和蔬菜盛入盘中，浇上柠檬调味汁。

6 用裱花袋挤上乳清奶酪，用莳萝叶、甜菜苗、细叶芹进行装饰。

TIP

煮甜菜根时加糖
虽然甜菜根生吃就很美味，但煮熟后口感会更加柔软，味道也会更好。煮的时候稍加一点糖，会更好吃。

煎花椰菜沙拉

这道沙拉是由味道清淡的烤花椰菜变化而来。鳗鱼黄油的醇香渗进花椰菜中，滋味丰富。鳗鱼会让喜爱它的人欲罢不能，也会让讨厌它的人敬而远之。但将其用黄油炒制，会让所有人都喜欢上它。好想和重要的人一起享受这道美味！

材料

打底
花椰菜 1/2 个，（烤：黄油 1 大勺，香草面包糠 3 大勺 **参考 P089**）

蛋白质
鳗鱼 2 条（炒：黄油 4 大勺）

装饰
欧芹叶 5 片

调味汁 ●
浓缩意大利醋 1 大勺 **参考 P028**

做法

1 花椰菜放入沸水中，煮 5min。

2 用平底锅将黄油熔化，放入鳗鱼丝，翻炒至香。

3 将鳗鱼黄油涂抹在煮好的花椰菜上，放入 200℃ 预热好的烤箱中，烤 7min。

4 将 1 大勺黄油涂抹在步骤③中烤好的花椰菜上，裹上香草面包糠，继续烤 5min。

5 盛入盘中，将欧芹叶切碎后撒在上方，搭配浓缩意大利醋。

TIP ———

烘烤中间再涂一次黄油
花椰菜请分两次烤。涂抹鳗鱼黄油，经过第一次烤制后取出，再次涂抹黄油，进行二次烤制，会变得更加美味。

意大利香醋
圣女果沙拉

用意大利香醋调味汁浸泡过的圣女果，它的酸味会刺激食欲，也适合代替酸黄瓜。只要有意大利香醋调味汁，就能随时随地轻松制作。当然，装在漂亮的玻璃罐内，送给熟人当礼物也很不错。

材料

打底
圣女果 20 个

蛋白质
博康奇尼奶酪 8 粒

装饰
甜菜苗 10g

调味汁
意大利香醋调味汁 1/2 杯　**参考 P018**

做法

1 圣女果划十字刀后，放入开水中泡10s，取出浸泡凉水。

2 待圣女果凉透后去皮。

3 将去皮后的圣女果和博康奇尼奶酪放入容器，倒入意大利香醋调味汁。

4 放入冰箱浸泡一天。

5 盛入盘中，搭配甜菜苗。

TIP

圣女果去皮后放入
在将圣女果放入意大利香醋调味汁前，一定要去皮。这样调味汁才能充分渗透进果肉中。将圣女果捞出吃完以后，剩余的调味汁还可以重新用在沙拉中。

牛油果慕斯香橙沙拉

煎过的牛油果和牛油果慕斯虽然是相同的食材，但却有着截然不同的味道和口感。煎过的牛油果的香醇搭配清爽的牛油果慕斯的组合堪称一绝！再加上富含维生素 C 的香橙，简直是完美的减肥沙拉。

材料

打底
牛油果1个（煎：橄榄油1½大勺，盐、黑胡椒粉各少许）

水果
香橙 1 个

装饰
苦苣、细叶芹各 10g

调味汁
牛油果慕斯 3 大勺　参考 P027
初榨橄榄油 1 大勺

做法

1 苦苣和细叶芹在清水中浸泡，使用前沥水。

2 剥去牛油果外皮，切成 8 瓣。

3 在平底锅中倒入橄榄油，放入牛油果进行短时间煎制，撒上盐、黑胡椒粉。

4 香橙去皮，果肉切成瓣状。

5 牛油果慕斯装入裱花袋中。

6 将牛油果和香橙间隔装入盘中，挤上牛油果慕斯。用苦苣和细叶芹进行装饰后，浇上初榨橄榄油。

TIP

煎牛油果时小心变色

煎过的牛油果与生牛油果是截然不同的味道，它会变得更加香醇。但煎牛油果时，牛油果可能会立刻变黑，请进行短时间煎制。

章鱼柑橘沙拉

章鱼虽然热量低，却很有饱腹感，蛋白质含量很高，是非常适合减肥人士的食材。再加上爽口的香橙、西柚和橄榄，让人一点也不羡慕西班牙有名的塔帕斯呢！是只要尝一次，就会不断想起的味道！

材料

打底
厚皮菜 50g

蔬菜和水果
香橙、西柚各 1/2 个，橄榄 5 粒

蛋白质
章鱼 1/3 只（煮：百里香5根，香叶2片，黑胡椒5粒，腌制：意式调味汁2大勺）

调味汁
意式调味汁 4 大勺　参考 P019
青辣椒 1 个，红甜椒 10g

做法

1 章鱼去除头部、内脏和残留物后，与百里香、香叶和黑胡椒一起放入沸水中煮 15min。

2 煮好的章鱼切成适合食用的大小，放入意式调味汁中腌制。

3 摘掉厚皮菜的根茎，在清水中浸泡，使用前沥水。

4 青辣椒去籽，与红甜椒一起切碎后，加意式调味汁搅拌均匀。

5 香橙和西柚去皮，果肉成瓣状。橄榄切半。

6 将步骤②中的章鱼，水果、厚叶菜和橄榄盛入盘中，搭配步骤④中的调味汁即可。

TIP

章鱼放在调味汁中腌制 1~2h
将章鱼煮好后放在调味汁中进行腌制，会容易入味。将章鱼放入保鲜袋中，用擀面杖或料理锤敲打后再煮，肉质会变得更加柔软。

番茄千层

此款沙拉将番茄、黄瓜、香橙、西柚的清爽与鲜马苏里拉奶酪的香醇完美结合。它不仅仅是颜色好看，形状也很美观，看着就会让人心情愉悦。简直是减肥过程中送给我的贴心料理礼物。试着使用各个季节不同的时令蔬菜和水果制作属于你自己的千层吧！

材料

打底
番茄 1 个

蔬菜和水果
黄瓜 1/3 根，香橙、西柚各 1/2 个

蛋白质
鲜马苏里拉奶酪 1/2 块

装饰
苦苣 10g

调味汁
油醋汁 3 大勺　参考 P022

做法

1　番茄划十字刀后，放入沸水中烫 20s，取出浸泡凉水，去掉外皮。

2　去皮的番茄切成 1cm 厚的圆片。

3　剥掉香橙和西柚的外皮，果肉切成和番茄一样的厚度、形状。

4　黄瓜和鲜马苏里拉奶酪也切成一样的厚度、形状。

5　将准备好的蔬菜、水果和奶酪层层堆叠在盘中。

6　中间搭配苦苣，浇上油醋汁即可。

TIP

烫好的番茄应迅速放入凉水中
将番茄放入沸水中，可立刻去掉外皮，果肉也会煮熟。所以要迅速放入凉水中，去掉外皮。

黄瓜蟹肉沙拉

如果说韩餐中有黄瓜膳，那西餐中就有黄瓜蟹肉沙拉。
夏日里的炎热天气，没有胃口的时候我要推荐这道沙拉。
黄瓜的爽口与蟹肉的滋味会让疲惫夏日的暑气一扫而光。
而且它与香醇的花生酱更配。

材料

打底 /
黄瓜 1 根

蔬菜 /
胡萝卜、圆白菜各 10g，洋葱 1/4 个

蛋白质
蟹肉棒 4 根

装饰
蔓越莓干 1 大勺

调味汁
花生酱 4 大勺　参考 P025

做法

1 黄瓜先切成三等份，再从中间横切，去瓤，做成船型。

2 胡萝卜、圆白菜和洋葱切成细丝，在清水中浸泡，使用前沥水。

3 顺着纹路，将蟹肉棒撕成细条。

4 将步骤②中的蔬菜、蟹肉棒和花生酱一起放入碗中搅拌均匀。

5 将步骤①中的黄瓜放入盘中，放上步骤④的成品。

6 用蔓越莓干进行装饰。

TIP

把黄瓜当成叶菜使用
将黄瓜内部挖空后，就可以像金玉兰等叶菜
一样使用。想要吃辣的话，也可以用尖椒代
替黄瓜。

花椰菜与
西蓝花沙拉

花椰菜与西蓝花均是食用花球的花菜。两者虽然作为减肥食品及健康食品家喻户晓，但实际上却不知道怎么吃，应该很难下手吧？蘸着酱料吃会增加钠的摄取量，对减肥不是很友好。那让我来介绍一个健康的菜谱吧！

材料

打底
花椰菜、西蓝花各 1/3 个

蔬菜
圣女果 3 个

装饰
核桃碎 1/2 大勺

调味汁
蜂蜜芥末酱 3 大勺　参考 P029
黑芝麻、白芝麻各 1 大勺

做法

1 将花椰菜与西蓝花放入开水中，焯水 5min。

2 焯过水的花椰菜和西蓝花切成适合食用的大小，圣女果横切为两瓣。

3 把黑芝麻和白芝麻均匀磨碎。

4 在碗中装入步骤③和蜂蜜芥末酱搅拌均匀，制成调味汁。

5 准备好的蔬菜全部放进步骤④的成品中混合均匀。

6 盛入盘中，撒上核桃碎进行装饰。

TIP

焯过水的蔬菜要小心切开

焯过水的蔬菜会比较容易碎。花椰菜与西蓝花也是一样的。根茎部分小心切掉，剩余部分切成适合食用的大小。

苹果鸡胸肉沙拉

垂盆草的特征是清淡的味道和爽脆的口感，将其做成沙拉，会保留它的味道和口感。搭配沙拉调味汁，而不是凉拌汁，味道就会更加特别。很适合搭配苹果、红甜椒等爽脆的水果及蔬菜。

材料

打底 🌿
垂盆草 100g

蔬菜和水果
苹果 1 个，红甜椒、胡萝卜各 1/4 个

蛋白质 🍗 ⚪ ⚪ 🍳
鸡胸肉 1 块（调味：盐、黑胡椒粉各少许　煎：橄榄油 1¹/₂ 大勺）

调味汁 ⚫
意式调味汁 3 大勺　参考 P019

做法

1　垂盆草在清水中浸泡，使用前沥水。

2　苹果去皮切丝，胡萝卜和红甜椒切细丝，在清水中浸泡，使用前沥水。

3　将鸡胸肉片成薄片，以盐、黑胡椒粉调味，放入平底锅中加橄榄油煎熟。

4　在碗中放入煎好的鸡胸肉、苹果丝、胡萝卜丝、红甜椒丝和意式调味汁搅拌均匀。

5　取适合的盛器，下层铺满垂盆草，放上步骤④的成品，然后放入剩余的垂盆草。

TIP

垂盆草易变蔫，应尽快使用
垂盆草在使用前一定要在清水中浸泡。野菜本身含水量大，建议尽快使用。

芝麻菜鸡胸肉沙拉

减肥的代名词——鸡胸肉，大家都是怎么吃的呢？如果每天的吃法都一样，会让你对减肥感到厌烦、辛苦，今天来放松下，享受一下芝麻菜的美味吧。这可是既经典又美味的组合。

材料

打底
芝麻菜 20g

蔬菜
圣女果 4 个

蛋白质
鸡胸肉 1 块（煎：橄榄油 1½ 大勺，迷迭香 2 枝，乳清奶酪 4 大勺）

装饰
哥瑞纳帕达诺奶酪 10g

调味汁
意式调味汁 4 大勺　参考 P019
浓缩意大利醋 1 大勺　参考 P028

做法

1　在鸡胸肉中加入橄榄油和迷迭香腌制 10min。

2　用烧热的平底锅将腌制好的鸡胸肉煎至表面金黄，然后切成 1cm 厚。

3　芝麻菜去掉根部，在清水中浸泡，使用前沥水。

4　圣女果横切一分为二，乳清奶酪装入裱花袋中，哥瑞纳帕达诺奶酪切成薄片。

5　将煎好的鸡胸肉、芝麻菜和圣女果盛入盘中，挤入乳清奶酪。

6　浇上意式调味汁和浓缩意大利醋后，用哥瑞纳帕达诺奶酪片装饰。

TIP

鸡胸肉先腌再煎
在煎鸡胸肉前用迷迭香和橄榄油进行腌制，可以去除异味。放在大火烧热的平底锅中，正反两面煎至上色后，调为小火，直到内部完全煎熟。

煎番茄沙拉

番茄与奶酪是比萨和意面中常见的食材，可在减肥过程中食用面包和意面会有些负担吧。我把番茄当成了面包和意面，在其中加入了多种蔬菜、奶酪和面包糠。煎番茄中富含的营养不仅有利于身体健康，还低热量，让人很安心。

材料

打底
番茄 2 个，面包糠 2 大勺
（搅拌：意大利青酱 2 大勺
参考 P024）

蔬菜
玉米罐头 2 大勺，洋葱 1/4 个

蛋白质
培根 2 片（煎：橄榄油 1 1/2 大勺，
盐、黑胡椒粉各少许，马苏里拉奶酪
1 块）

调味汁 ●
浓缩意大利醋 1 大勺　参考 P028

做法

1 将番茄果蒂部分切掉，挖空内部。

2 面包糠放在干燥的平底锅中，以小火煎至金黄色。

3 碗中加入煎好的面包糠和意大利青酱，搅拌均匀。

4 培根切成适合食用的大小，在平底锅中倒入橄榄油，将培根煎至酥脆，用厨房纸巾吸去多余的油。

5 洋葱切碎，马苏里拉奶酪切成 0.5cm 见方的块。

6 所有食材倒入碗中加盐、黑胡椒粉混合均匀，放进步骤①中的番茄内。

7 放进 200℃ 预热好的烤箱中，烤 15min，浇上浓缩意大利醋。

TIP

将番茄果蒂平切
挖空番茄内部的时候，先用水果刀将果蒂部分平切，再用勺子挖出内部果肉。如果直接用水果刀挖空内部，很容易将番茄弄破。

甜瓜番茄沙拉

这是一款圆形食材的组合，是能够让人大饱眼福的沙拉。它汇集了圣女果、甜瓜、菲达奶酪、罗勒等食材，犹如地中海的景色。尤其是甜瓜，它不仅是低热量食材，更富含膳食纤维，饱腹感极强。请在减肥过程中灵活使用夏日当季水果——甜瓜吧！

材料

打底
芝麻菜 50g，罗勒叶 5 片

蔬菜和水果
甜瓜 1/8 个，圣女果 10 个

蛋白质
菲达奶酪 1/2 大勺

调味汁
柠檬调味汁 3 大勺　参考 P017

做法

1　圣女果划十字刀，在沸水中烫 10s，放入凉水中，去掉外皮。

2　用水果挖球器挖出甜瓜圆球。

3　用手碾碎菲达奶酪。

4　只取芝麻菜叶片，与罗勒叶一起在清水中浸泡，使用前沥水。

5　将芝麻菜叶、去皮的圣女果、甜瓜球、菲达奶酪碎和罗勒叶一起盛入盘中，浇上柠檬调味汁。

TIP

使用水果挖球器挖水果
用水果挖球器将果肉柔软的甜瓜挖成圆球状，让甜瓜与圣女果的形状大小相似，装盘的时候会更漂亮。

什锦豆子和博康奇尼奶酪沙拉

豆子是一种低热量，富含膳食纤维和蛋白质的食物，很适合作为减肥食材。如果你是素食主义者或吃腻了鸡胸肉的减肥人士，就用各种各样的豆子制成的沙拉补充身体必需的蛋白质和维生素吧!

材料

打底
什锦豆子（鹰嘴豆、豌豆、花豆）100g（煮：盐1/3小勺）

蛋白质
博康奇尼奶酪 10 粒

装饰
罗勒叶 10g

调味汁
初榨橄榄油 1 1/2 大勺

做法

1 在沸水中加入少许盐和什锦豆子，煮 15min 后放凉。

2 将煮好的什锦豆子、博康奇尼奶酪和初榨橄榄油倒入碗中，混合均匀。

3 将步骤②的食材盛入盘中，用罗勒叶装饰。

TIP

使用鲜马苏里拉奶酪也不错
博康奇尼奶酪在意大利语中有"一口大小"的意思。当没有博康奇尼奶酪的时候，使用鲜马苏里拉奶酪也不错。如果使用罐装熟制豆子产品，那就可以轻松完成沙拉。

煎甜椒酿
金枪鱼沙拉

这是一道适合一口吃进去的沙拉。我们可以随时随地、没有任何负担地享用，当作减肥便当菜品也刚刚好。它由高蛋白、低脂肪的金枪鱼，以及热量低却会带来饱腹感的甜椒组成，外观为圆环状。

材料

打底
红甜椒、黄甜椒各 1 个

蔬菜
水瓜柳 10 粒，欧芹叶 5 片，洋葱碎 1 大勺，蒜泥 1/3 大勺

装饰
金枪鱼罐头 1 罐，红脉酸模叶、细叶芹各少许

调味汁
奇米丘里辣酱 1 大勺 参考 P021

做法

1 红甜椒、黄甜椒在火上烤至外皮成黑色。

2 烤过的甜椒放入凉水中浸泡，剥去外皮后，去掉根蒂和辣椒籽，使用厨房纸巾吸去水分。

3 水瓜柳和欧芹叶切碎。

4 沥去金枪鱼的油。

5 在碗中倒入金枪鱼、水瓜柳碎、欧芹碎、洋葱碎、蒜泥和奇米丘里辣酱，搅拌均匀。

6 将烤过的甜椒铺平后放上步骤⑤的成品，卷起来，切成适合食用的大小，装盘，用红脉酸模叶、细叶芹装饰。

TIP

剥去甜椒外皮
用火将甜椒表面烤成黑色，在凉水中浸泡，香味会变得更加浓郁。若刚烤好就装在袋子中静置 30min，然后放入凉水中剥去外皮，香气和味道将会更上一层楼！

小八爪鱼和抱子甘蓝
泰式沙拉

低热量的小八爪鱼对减肥十分有效，并且富含牛磺酸，可以很好地帮助解除疲劳。不妨试试通过搭配滋补食材——小八爪鱼的沙拉，来尽情享受大海的气息。

材料

打底

抱子甘蓝 8 颗（煎：橄榄油 1$\frac{1}{2}$ 大勺）

蔬菜

豌豆 15 粒，圣女果 3 个，紫皮洋葱 10g

蛋白质

小八爪鱼 7 只（煎：橄榄油 1$\frac{1}{2}$ 大勺）

装饰

核桃碎 1/2 大勺

调味汁

泰式调味汁　参考 P023

做法

1 豌豆放入沸水中煮 10min。

2 将抱子甘蓝较厚的表皮剥掉，与圣女果一起切半，紫皮洋葱切细丝。

3 在平底锅中倒入橄榄油，放入抱子甘蓝，小火慢煎至里外熟透。

4 小八爪鱼切半，在倒入橄榄油的平底锅中大火迅速煎熟。

5 所有食材盛入盘中，搭配泰式调味汁，以核桃碎装饰。

TIP

抱子甘蓝小火慢慢煎熟

虽然抱子甘蓝直接吃也很美味，但小火慢煎至里外熟透，会变得更加好吃。如果用大火煎，很容易导致里面没熟，但表面却煳了。

西葫芦菲达奶酪沙拉

将西葫芦切成长薄片，当作泰式炒粉来用，搭配虾仁和泰式调味汁很是美味。如果不喜欢菲达奶酪的咸味，可以在牛奶里泡过后再用。用轻易买到的食材也可以尽情享受异国味道。

材料

打底
西葫芦 1 个

蛋白质
虾仁 10 只（煎：橄榄油 1½ 大勺，盐、黑胡椒粉各少许，菲达奶酪 1 大勺）

装饰
核桃碎 1 大勺，琉璃苣少许

调味汁
泰式调味汁 2 大勺　参考 P023

做法

1　用削皮器将西葫芦削出 0.3cm 厚的长薄片。

2　西葫芦薄片放入沸水中焯 1min。

3　在平底锅中倒入橄榄油，加入虾仁稍煎，用盐、黑胡椒粉调味。

4　用手将菲达奶酪碾碎。

5　将步骤②中的西葫芦片盛入盘中，浇上泰式调味汁。

6　加入煎好的虾仁和碾碎的菲达奶酪，用核桃碎和琉璃苣装饰。

TIP

西葫芦厚度为 0.3cm
西葫芦片如果过厚，焯水后很难定型。相反如果过薄，焯水的时候可能会断，所以要注意厚度。

意大利青酱西葫芦沙拉

这是一道制作起来很简单的沙拉。只要将西葫芦煎至焦黄，与意大利青酱混合即可。不过虽然料理过程简单，可只要尝过它的味道，就会为之惊艳。即使用来招待客人，也十分完美。

材料

打底
西葫芦 1 个（煎：橄榄油 1$^1/_2$ 大勺，盐、黑胡椒粉各少许）

装饰
夏威夷果 10 颗

调味汁
意大利青酱 2 大勺　参考 P024

做法

1　西葫芦切成约 0.8cm 厚的圆片。

2　在平底锅中倒入橄榄油，放入西葫芦片，煎至两面焦黄，用盐、黑胡椒粉调味。

3　煎好的西葫芦放凉后，与意大利青酱混合拌匀。

4　在平底锅中将夏威夷果煎至焦黄。

5　将步骤③的成品盛入盘中，用煎好的夏威夷果装饰。

TIP

西葫芦厚度控制在 1cm 以内
西葫芦如果切得太薄，煎的时候很容易煳；但如果太厚，里面会煎不熟，影响味道。应该切成 0.8~1cm 厚。也可以用杏鲍菇代替西葫芦。

金枪鱼沙拉

金枪鱼是在减肥过程中，除了鸡胸肉之外，最受欢迎的蛋白质来源。搭配蔬菜，就可以轻松做成沙拉享用。黄瓜的爽脆与柔软金枪鱼的组合很是与众不同。不过，解冻后的金枪鱼很容易褐变，建议立即食用。

材料

打底
圣女果 10 个

蔬菜 /
黄瓜 1/2 根

蛋白质
金枪鱼 100g

装饰
紫皮洋葱 10g，细香葱 3 根，黑芝麻
1 大勺

调味汁
芝麻调味汁 2 大勺 　参考 P020，
蛋黄酱 1 大勺

做法

1　金枪鱼切成 1cm 见方的块。

2　圣女果切半，黄瓜也切成同样大小。

3　紫皮洋葱和细香葱切碎。

4　在碗中加入芝麻调味汁和蛋黄酱，混合均匀。

5　将金枪鱼、圣女果和黄瓜放入步骤④的混合酱汁中，搅拌均匀后盛入盘中。

6　用洋葱碎、细香葱碎和黑芝麻装饰。

TIP

沙拉的装饰蔬菜要丰富多彩
用于沙拉收尾阶段的装饰蔬菜，色泽十分重要。选择五颜六色的蔬菜，切碎后撒在上面，不仅会提升卖相，看起来也会更加美味。

番茄奶酪薄切

这是一道混合了红色、白色、绿色食材的料理。只要有鲜马苏里拉奶酪和番茄，我们就可以将美味发挥到极致。而它作为意大利具有代表性的沙拉之一，也很适合搭配红酒一起享用。

材料

打底
番茄 1 个

奶酪
鲜马苏里拉奶酪 1 块

装饰
哥瑞纳帕达诺奶酪 10g，罗勒叶 5 片

调味汁
初榨橄榄油 1 勺
浓缩意大利醋 1 大勺　**参考 P028**
意大利青酱 1 大勺　**参考 P024**

做法

1 番茄划十字刀后，放入沸水中烫 20s，然后浸泡在凉水中，剥掉外皮。

2 剥掉外皮的番茄和鲜马苏里拉奶酪切成类似的薄片。

3 将番茄片和马苏里拉奶酪片一片叠一片地放入盘中。

4 浇上初榨橄榄油后，搭配浓缩意大利醋和意大利青酱。

5 用切好的哥瑞纳帕达诺奶酪薄片和罗勒叶装饰。

TIP

将鲜马苏里拉奶酪与番茄切成同样大小
重点是将番茄与鲜马苏里拉奶酪切成相同形状、相同厚度。如果使用家用切片机切番茄，会更加方便。

虾仁意式面包沙拉

这是一道历史悠久的意式沙拉，可以放在面包上食用。清爽的蔬菜搭配面包，不仅有益健康，还能提升饱腹感。除了圣女果、紫皮洋葱和黄瓜，也可以使用家里现有的各种蔬菜。

材料

打底
圣女果 15 个，西芹、黄瓜各 20g

蛋白质
虾仁 10 只（焯水：柠檬 1/2 个，香叶 1 片，黑胡椒 5 粒）

装饰
面包干 20 粒，橄榄 5 粒，紫皮洋葱 10g，欧芹 2 根

调味汁
初榨橄榄油 2/3 大勺，盐、黑胡椒粉各少许

做法

1 虾仁、柠檬、香叶、黑胡椒一起放入沸水中焯 2min 左右，捞出虾仁。

2 圣女果和橄榄切半，紫皮洋葱切细丝。

3 西芹和黄瓜切成适合食用的大小。

4 欧芹切碎。

5 将准备好的食材都放进碗中，加入初榨橄榄油、盐、黑胡椒粉搅拌均匀。

6 盛入盘中，用面包干装饰。

TIP

用洋葱、大葱去除海鲜的腥味
如果没有焯虾的材料，建议使用洋葱和大葱。保存焯过的虾时，倒入焯虾的水一起存放，可以长久保持新鲜的味道。

第五部分

用沙拉食材边角料制作的
特色三明治

用心制作的沙拉没有吃完，或还有馅料没有用完，不要担心，它们可以制作成一顿美味的三明治。接下来介绍 13 种用沙拉中的食材制作的三明治。只要备好切片面包和法棍面包即可轻松完成。

肯琼炸鸡三明治

使用了"肯琼炸鸡沙拉"作为食材

草莓猕猴桃水果三明治

使用了"猕猴桃橄榄配面包"作为食材

肯琼炸鸡三明治

使用了"肯琼炸鸡沙拉"作为食材

这是一道用肯琼炸鸡制作而成的三明治。混合了黑胡椒粉、辣椒粉、姜、洋葱等的肯琼酱还可用于多种料理，如油炸食品或炒饭，只要稍微加一点点，就会变成与众不同的料理。

材料

打底
肯琼炸鸡 4 块　参考 P037

配料
西生菜 1 片，紫皮洋葱 1/4 个，番茄 1/2 个，酸黄瓜 5 片

面包
法棍面包 1/4 根

调味汁
蜂蜜芥末酱 3 大勺　参考 P029

做法

1　法棍面包横切，一分为二，在烤箱或平底锅中煎烤至焦黄。

2　准备用于沙拉的肯琼炸鸡。

3　西生菜切成适合食用的大小，紫皮洋葱和番茄切成 0.3cm 厚的圆片。

4　在煎烤好的法棍面包内侧涂抹蜂蜜芥末酱，铺上西生菜，加入肯琼炸鸡、酸黄瓜、紫皮洋葱片、番茄片。

5　盖上另一半法棍面包，完成菜品。

TIP

肯琼炸鸡油炸要领
油炸肯琼炸鸡时，一定要检查内部是否熟透。肯琼酱为黑红色，油炸后更难以用肉眼确认。

草莓猕猴桃水果三明治

使用了"猕猴桃橄榄配面包"作为食材

这是一款一切开就会将红色草莓和白色奶油尽收眼底，让人赏心悦目的三明治。不妨用时令水果搭配鲜奶油来做做看吧！咬一口，就是与果汁相映成趣的甜甜鲜奶油。

材料

打底
猕猴桃橄榄混合物 3 大勺　**参考** P078

配料
草莓 9 个

面包
切片面包 2 片

调味汁
鲜奶油 200mL，白砂糖 1 大勺

做法

1　在干燥的平底锅中将切片面包两面煎至焦黄。

2　在碗中加入鲜奶油和白砂糖，顺着同一方向搅打，直至变成不易流动且稍硬的状态。

3　去除草莓果蒂。

4　将步骤②中的打发鲜奶油涂抹在煎好的切片面包内侧，依次放上草莓、猕猴桃橄榄混合物。

5　盖上另一片切片面包，完成菜品。

TIP

打发鲜奶油

打发鲜奶油时请务必在打发碗下方放一个装有冰块的碗，然后顺着同一方向打发。鲜奶油在低温条件下更容易打发。

奇米丘里三明治

使用了"奇米丘里辣酱"作为食材

尝一口奇米丘里辣酱，就会感受到浓浓的异国风情。这是最近深受世界各国喜爱的调味汁。它源于阿根廷，本是搭配烧烤的酱汁，与肉十分相配，在此，我们用它来搭配培根。

材料

打底

杏鲍菇 2 根（煎：橄榄油 1$\frac{1}{2}$ 大勺），
培根 2 片（煎：橄榄油 1$\frac{1}{2}$ 大勺）

配料

番茄 1 个，紫皮洋葱 1/3 个

面包

切片面包 2 片

调味汁

奇米丘里辣酱 2 大勺　参考 P021

做法

1　在烤箱或平底锅中将切片面包煎烤至焦黄。

2　在倒有橄榄油的平底锅中将培根煎至干脆，用厨房纸巾吸去多余的油。

3　杏鲍菇切成 0.5cm 厚的片，在倒有橄榄油的平底锅中煎至焦黄。

4　番茄和紫皮洋葱切成 0.3cm 厚的圆片。

5　在煎烤好的切片面包内侧薄薄涂一层奇米丘里辣酱，放上煎好的培根、煎好的杏鲍菇、紫皮洋葱片和番茄片。

6　盖上另一片切片面包，完成菜品。

TIP

选择三明治中的蘑菇时，杏鲍菇是最优选

如果要在三明治中加入蘑菇，推荐杏鲍菇。因为口蘑会出很多水，香菇香味较浓，很难搭配其他食材。

奶酪三明治
使用了"希腊风味沙拉"作为食材

用菲达奶酪提味，用希腊风味沙拉制作而成的三明治。不仅搭配了菲达奶酪，还加入了卡芒贝干酪。卡芒贝干酪可以感受到奶酪原本的奶油质感，非常适合作为三明治的食材。法国布里奶酪的味道与它相似。

材料

打底
菲达奶酪 1 大勺，卡芒贝干酪 1/3 块

配料
培根 2 片（煎：橄榄油 1¹/₂ 大勺），西生菜 1 片，罗马生菜 20g，番茄 1/2 个，紫皮洋葱 1/3 个

面包
切片面包 2 片

调味汁
初榨橄榄油 2 大勺

做法

1　在烤箱或平底锅中将切片面包煎烤至焦黄。

2　在倒有橄榄油的平底锅中将培根煎至干脆，用厨房纸巾吸去多余的油。

3　将西生菜和罗马生菜在清水中浸泡，使用前沥水。

4　紫皮洋葱和番茄切成 0.3cm 厚的圆片。

5　用手碾碎菲达奶酪，将卡芒贝干酪切成0.5cm厚的片。

6　在切片面包内侧涂抹初榨橄榄油，将西生菜、罗马生菜、番茄片、紫皮洋葱片、菲达奶酪碎和卡芒贝干酪片按顺序放在上面。

7　盖上另一片切片面包，完成菜品。

TIP

以多种奶酪进行混合
除卡芒贝干酪外，可按照喜好用戈尔贡左拉干酪、埃曼塔奶酪、布里奶酪等多种奶酪提升味道。如果将奶酪表面稍煎一下，会更加美味，会获得柔软奶酪的原本味道。

意大利青酱三明治

使用了"意大利青酱西葫芦沙拉"作为食材

源自意大利热那亚地区的青酱在意大利语中意为"碾碎、磨碎"。在还未发明搅拌机的时候，会将罗勒和橄榄油放在石臼中捣碎进行制作。让我们在三明治中感受意大利青酱的新鲜与西葫芦的爽脆吧！

材料

打底
意大利青酱西葫芦沙拉 4 大勺
参考 P183

配料
培根 2 片（煎：橄榄油 $1^1/_2$ 大勺），紫皮洋葱 1/4 个

面包
法棍面包 1/4 根

调味汁
初榨橄榄油 2 大勺

做法

1 法棍面包横切，一分为二，在烤箱或平底锅中煎烤至焦黄。

2 在倒有橄榄油的平底锅中将培根煎至干脆，用厨房纸巾吸去多余的油。

3 紫皮洋葱切成适合食用的 0.5cm 左右厚的圆片。

4 在煎烤好的法棍面包内侧涂初榨橄榄油，将紫皮洋葱片、意大利青酱西葫芦沙拉、培根按顺序放在上面。

TIP

适合多种蔬菜的意大利青酱
意大利青酱很容易变色，建议尽快食用。也可以用茄子或芦笋等蔬菜代替西葫芦。

地中海风味三明治

使用了"意醋炒海鲜沙拉"作为食材

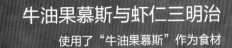

牛油果慕斯与虾仁三明治

使用了"牛油果慕斯"作为食材

地中海风味三明治

使用了"意醋炒海鲜沙拉"作为食材

意醋有很好闻的香味，味道也很浓郁，正因如此，它在意大利语中带有"香味很好闻"的含义。高质量的意醋甚至会在橡木桶中发酵10年以上。用意醋炒海鲜，会去除腥味，风味也会变好。意醋炒海鲜可以用作三明治馅料。

材料

打底
意醋炒海鲜 3 大勺　　参考 P054

配料
芝麻菜 20g，苦苣 5 根，紫皮洋葱 1/4 个，番茄 1/2 个，橄榄 10 粒

面包
法棍面包 1/4 根

调味汁
初榨橄榄油 2 大勺

做法

1 法棍面包横切，一分为二，在烤箱或平底锅中煎烤至焦黄。

2 橄榄剁碎，与意醋炒海鲜混合均匀。

3 芝麻菜和苦苣在清水中浸泡，使用前沥水。

4 紫皮洋葱和番茄切成 0.3cm 厚的圆片。

5 在煎烤好的法棍面包内侧涂抹初榨橄榄油，放上芝麻菜、苦苣、紫皮洋葱、番茄和步骤②中的炒海鲜。

6 盖上另一半法棍面包，完成菜品。

TIP

用意大利香醋调味汁炒海鲜也很美味

如果没有浓缩过的意大利醋，可以用意大利香醋调味汁炒海鲜。炒制时再加上蘑菇、西葫芦、洋葱等，就可以享受极品料理。

牛油果慕斯与虾仁三明治
使用了"牛油果慕斯"作为食材

将牛油果放入搅拌机简单搅打，就可以做出柔软的酱汁。配面包吃很美味，作为沙拉调味汁也十分适合。而我们加入虾，制成了美味的三明治。让我们品味口中满满的新鲜牛油果慕斯与法棍面包吧！

材料

打底
牛油果慕斯 5 大勺　参考 P027

配料
大虾 5 只（煎：橄榄油 $1^{1}/_{2}$ 大勺），芝麻菜 20g，紫皮洋葱 1/3 个，番茄 1/2 个

面包
法棍面包 1/4 根

调味汁
初榨橄榄油 2 大勺

做法

1　法棍面包横切，一分为二，在烤箱或平底锅中煎烤至焦黄。

2　按照法棍面包长度切好芝麻菜，在清水中浸泡，使用前沥水。

3　大虾去除头部、外壳和虾线，在倒入橄榄油的平底锅中煎至焦黄。

4　紫皮洋葱和番茄切成 0.3cm 厚的圆片。

5　在煎烤好的法棍面包一侧涂抹初榨橄榄油，将洋葱、番茄、芝麻菜、煎好的大虾按顺序放在上面。

6　在另一半法棍面包的一侧涂上大量的牛油果慕斯。

TIP

用鲜牛油果代替牛油果慕斯
用熟透的牛油果代替牛油果慕斯也不错，将之摆放在法棍面包内侧，吃起来更加方便。

西泽三明治

使用了"西泽沙拉"作为食材

这是一道以味道丰富的西泽酱、培根和爽脆的罗马生菜制成的三明治。也可根据喜好在西泽酱中加入鳀鱼碎、培根碎或酸豆碎、酸黄瓜碎等。尝试按照个人口味制作调味汁，用在各种各样的三明治中吧！

材料

打底

罗马生菜 30g，培根 1 片（煎：橄榄油 1¹/₂ 大勺）

配料

芝麻菜 40g，番茄 1/2 个，紫皮洋葱 1/4 个，哥瑞纳帕达诺奶酪 10g

面包

法棍面包 1/4 根

调味汁

西泽酱 2 大勺　**参考 P026**，
浓缩意大利醋 2 大勺　**参考 P028**

做法

1　法棍面包横切，一分为二，在烤箱或平底锅中煎烤至焦黄。

2　罗马生菜和芝麻菜在清水中浸泡，使用前沥水。

3　紫皮洋葱和番茄切成 0.3cm 厚的圆片，哥瑞纳帕达诺奶酪切成薄片。

4　在倒有橄榄油的平底锅中将培根煎至干脆，用厨房纸巾吸去多余的油。

5　在煎烤好的法棍面包内侧涂抹西泽酱，将准备好的馅料——放在上面，中间淋上浓缩意大利醋。

6　盖上另一半法棍面包，完成菜品。

TIP ————

在罗马生菜或西生菜中选择使用

也可以用西生菜代替罗马生菜，罗马生菜与调味汁混合后，可能会很快变蔫，降低新鲜度，所以要尽快食用。

鲜马苏里拉三明治

使用了"番茄千层"作为食材

薄荷与罗勒是意大利料理不可或缺的食材，尤其是搭配番茄，堪称完美组合！只要在番茄意面中加一片罗勒叶，香味与味道就会变得与众不同。想要用简单食材制作三明治，就来挑战一下吧！

材料

打底
鲜马苏里拉奶酪、番茄各 1/2 块（个）

配料
西生菜 1 片，哥瑞纳帕达诺奶酪 20g

面包
法棍面包 1/4 根

调味汁
意大利青酱 3 大勺　参考 P024

做法

1　法棍面包横切，一分为二，在烤箱或平底锅中煎烤至焦黄。

2　将鲜马苏里拉奶酪和番茄切成 0.3cm 厚的片。

3　哥瑞纳帕达诺奶酪切成薄片。

4　在煎烤好的法棍面包内侧涂抹意大利青酱，放上西生菜、哥瑞纳帕达诺奶酪片、番茄片、鲜马苏里拉奶酪片。

5　盖上另一半法棍面包，完成菜品。

TIP

加入初榨橄榄油
在加入三明治馅料的过程中淋上初榨橄榄油，就可以享受香味更加丰富的三明治。如果没有意大利青酱，就用鲜罗勒叶代替吧！

B.L.T 三明治

使用了"B.L.T 沙拉"作为食材

鸡胸肉三明治

使用了"芝麻菜鸡胸肉沙拉"作为食材

B.L.T 三明治

使用了"B.L.T 沙拉"作为食材

B.L.T 是从很久以前就大受欢迎的三明治了。我们在三种基础食材中加入了额外食材，做成了很棒的三明治。加入奶酪，味道会更加柔和。

材料

打底
培根 2 片（煎：橄榄油 1½ 大勺），
西生菜 1/4 个，圣女果 3 个

配料
菊苣 20g，黄瓜 1/4 根，鸡蛋 1 个，
车达奶酪 1 片

面包
切片面包 2 片

调味汁
蜂蜜芥末酱 2 大勺　参考 P029

做法

1 西生菜和菊苣切成适合食用的大小，在清水中浸泡，使用前沥水。

2 鸡蛋放入沸水中煮 10min 左右，在凉水中浸泡，剥掉蛋壳，切片。

3 圣女果和黄瓜切成薄片。

4 在倒有橄榄油的平底锅中将培根煎至干脆，用厨房纸巾吸去多余的油。

5 在切片面包内侧涂抹蜂蜜芥末酱，铺上西生菜和菊苣后，放上准备好的所有食材。

6 盖上车达奶酪及另一片切片面包，完成菜品。

TIP

搭配多种调味汁

培根、西生菜、番茄属于沙拉和三明治的基本食材，即便只有这 3 种，也会做出不错的味道。配合多种调味汁也很美味哦。

鸡胸肉三明治

使用了"芝麻菜鸡胸肉沙拉"
作为食材

鸡胸肉低脂肪、高蛋白，如果你在减肥，不妨试试可以兼顾味道和健康的这款三明治吧！新鲜的蔬菜和美味的肉类，再搭配上调味汁，就成了一款十分简单易做的三明治。

材料

打底 🍗 🍃
鸡胸肉 1 块（煎：橄榄油 $1^1/_2$ 大勺，迷迭香 2 根）

配料 🌿 🫐 🧀
芝麻菜 20g，圣女果 4 个，哥瑞纳帕达诺奶酪 10g，鲜马苏里拉奶酪 1 块

面包
切片面包 2 片

调味汁 ⚪ ⚫
初榨橄榄油 5 大勺，
浓缩意大利醋 1 大勺　**参考 P028**

做法

1 芝麻菜在清水中浸泡，使用前沥水。将圣女果、哥瑞纳帕达诺奶酪、鲜马苏里拉奶酪分别切成片。

2 在烤箱或平底锅中将切片面包煎烤至焦黄。

3 将鸡胸肉与迷迭香一起放入倒有橄榄油的平底锅中，煎熟。

4 将步骤③的成品和浓缩意大利醋放入碗中搅拌均匀。

5 在切片面包内侧涂抹初榨橄榄油，将准备好的食材放上。

6 盖上另一片切片面包，完成菜品。

TIP

在切片面包上涂抹初榨橄榄油
煎鸡胸肉可能会有些柴，搭配涂抹了初榨橄榄油的面包，做成三明治，吃起来会口感均衡。

黄瓜蟹肉棒三明治

使用了"黄瓜蟹肉沙拉"作为食材

黄瓜的清爽味道与蟹肉棒的咸鲜滋味可谓是"最佳搭档"。煎烤面包的时候，请将蟹肉棒简单地撕成细条，再加上一点黑胡椒粉，就会更有与众不同的口感哦。

材料

打底
黄瓜蟹肉沙拉 6 大勺　参考 P163

配料
酸黄瓜 6 片

面包
早餐包 3 个

调味汁
蜂蜜芥末酱 2 大勺　参考 P029

做法

1　早餐包横切，一分为二，放入烤箱或平底锅中煎烤。

2　酸黄瓜切碎。

3　在煎烤好的面包内侧涂抹蜂蜜芥末酱。

4　放入黄瓜蟹肉沙拉和酸黄瓜碎，完成菜品。

TIP

黄瓜蟹肉沙拉的使用窍门
用蛏肉来代替蟹肉棒也很不错。在平底锅中放入冷米饭和鸡蛋，稍微翻炒一下，再加上黄瓜蟹肉沙拉，一碗香喷喷的炒饭就完成了。

土豆三明治

使用了"土豆泥通心粉沙拉"
作为食材

土豆真的是我们餐桌上必不可少的食材。炒着吃、烤着吃，烹饪方法多种多样。我们将煮好的土豆压成泥后，与黄油混合做成了沙拉。又加入鸡蛋，既提升了口感，又增加了营养。

材料

打底

土豆泥通心粉沙拉 4 大勺　参考 P107

配料

鸡蛋 1 个（煮：醋 1 大勺），
白砂糖、蛋黄酱各 1 大勺

面包

切片面包 2 片

调味汁

蜂蜜芥末酱 3 大勺　参考 P029

做法

1 在沸水中加醋煮鸡蛋 10min 左右，在清水中浸泡，剥掉蛋壳后碾碎。

2 将碾碎的鸡蛋、白砂糖、蛋黄酱和土豆泥通心粉沙拉在碗中混合均匀。

3 将切片面包放入烤箱或平底锅中煎烤至两面酥脆。

4 在切片面包内侧涂抹蜂蜜芥末酱，加入步骤②的食材。

5 盖上另一片切片面包，完成菜品。

TIP

三明治不要凉着吃

土豆三明治变凉后记得放入微波炉稍微加热再吃。热着吃会更美味哦。

索引

按照调味汁查找沙拉与三明治

现代人越来越追求健康的饮食，低热量、快捷、美味、健康的沙拉脱颖而出，收获了一众粉丝。西餐厅、咖啡馆用料丰富、食材搭配合理的美味沙拉也可自己在家做。本书揭开了咖啡馆沙拉美味的秘密，总结出了沙拉的基本组合方式，掌握这些技巧，轻松在家完美复刻。

本书先介绍了13种沙拉基础调味汁的配方、调制方法、使用技巧，在此基础上，介绍了基础沙拉、正餐沙拉、配酒沙拉、减肥沙拉以及用沙拉食材的边角料制作的特色三明治，配方准确、步骤详细、图文并茂。读者还可通过索引轻松检索每种基础调味汁适用的沙拉品种，方便、快捷。

本书可供咖啡馆、西餐厅、轻食餐厅等从业人员学习，也可作为大众美食爱好者的兴趣书。

原书名：Café Salad Menu 101

版权所有©2019年，作者：Lee Jae-hoon，Ca'del Lupo 团队保留所有权利。

韩国首尔 SUZAKBOOK 出版韩国原版

中文简体翻译版权©2022 机械工业出版社

本中文简体版由 SUZAKBOOK 通过 Arui Shin Agency 和千太阳文化发展（北京）有限公司授权出版。未经版权所有者事先许可，不得复制、在检索系统存储，或以任何方式（电子、机械、影印、录音或其他方式）传播本出版物的任何部分。

北京市版权局著作权合同登记　图字：01-2020-3381 号。

图书在版编目（CIP）数据

咖啡馆沙拉101 /（韩）李宰熏著；梁超，喻伟彤译. — 北京：机械工业出版社，2022.9
（开家咖啡馆）
ISBN 978-7-111-71294-7

Ⅰ.①咖…　Ⅱ.①李…　②梁…　③喻…　Ⅲ.①沙拉 –菜谱　Ⅳ.①TS972.118

中国版本图书馆CIP数据核字（2022）第133714号

机械工业出版社（北京市百万庄大街22号　邮政编码100037）
策划编辑：卢志林　　　　　责任编辑：卢志林　范琳娜
责任校对：薄萌钰　李 婷　责任印制：郜 敏
北京瑞禾彩色印刷有限公司印刷

2023年1月第1版·第1次印刷
165mm × 220mm·14印张·172千字
标准书号：ISBN 978-7-111-71294-7
定价：88.00元

电话服务　　　　　　　　网络服务
客服电话：010-88361066　机 工 官 网：www.cmpbook.com
　　　　　010-88379833　机 工 官 博：weibo.com/cmp1952
　　　　　010-68326294　金 书 网：www.golden-book.com
封底无防伪标均为盗版　　机工教育服务网：www.cmpedu.com